今すぐ使えるかんたんmini

Windows 11

Imasugu Tsukaeru
Kantan Series

Windows 11
Kihon and Benriwaza
Gijutsu-Hyoron sha Henshubu
+ AYURA

基本&便利技

JN006747

技術評論社

本書の使い方

- ●画面の手順解説だけを読めば、操作できるようになる！
- ●もっと詳しく知りたい人は、補足説明を読んで納得！
- ●これだけは覚えておきたい機能を厳選して紹介！

特長 1

機能ごとに
まとまっているので、
「やりたいこと」が
すぐに見つかる！

● 基本操作

赤い矢印の部分だけを読んで、
パソコンを操作すれば、
難しいことはわからなくても、
あっという間に操作できる！

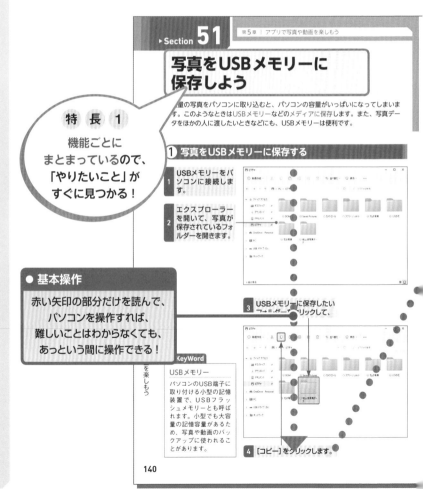

▶Section 51

第5章 | アプリで写真や動画を楽しもう

写真をUSBメモリーに保存しよう

量の写真をパソコンに取り込むと、パソコンの容量がいっぱいになってしまいます。このようなときはUSBメモリーなどのメディアに保存します。また、写真データをほかの人に渡したいときなどにも、USBメモリーは便利です。

1 写真をUSBメモリーに保存する

1 USBメモリーをパソコンに接続します。

2 エクスプローラーを開いて、写真が保存されているフォルダーを開きます。

3 USBメモリーに保存したいフォルダーをクリックして、

4 [コピー]をクリックします。

KeyWord

USBメモリー

パソコンのUSB端子に取り付ける小型の記憶装置で、USBフラッシュメモリーとも呼ばれます。小型でも大容量の記憶容量があるため、写真や動画のバックアップに使われることがあります。

を楽しもう

140

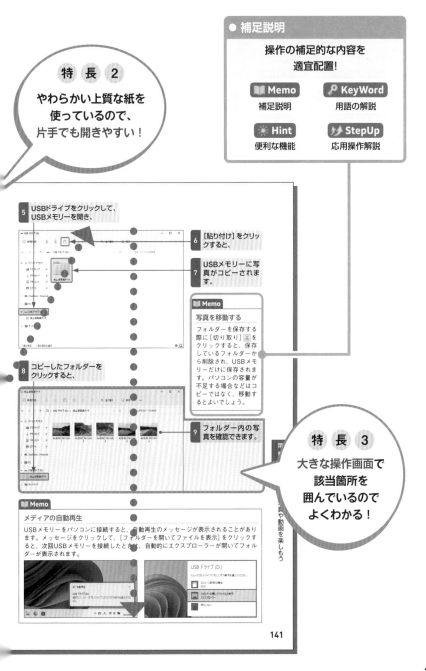

補足説明

操作の補足的な内容を
適宜配置！

Memo
補足説明

KeyWord
用語の解説

Hint
便利な機能

StepUp
応用操作解説

特長 2

やわらかい上質な紙を
使っているので、
片手でも開きやすい！

5 USBドライブをクリックして、
USBメモリーを開き、

6 [貼り付け]をクリックすると、

7 USBメモリーに写真がコピーされます。

Memo

写真を移動する

フォルダーを保存する際に[切り取り]をクリックすると、保存しているフォルダーから削除され、USBメモリーだけに保存されます。パソコンの容量が不足する場合などはコピーではなく、移動するとよいでしょう。

8 コピーしたフォルダーをクリックすると、

9 フォルダー内の写真を確認できます。

特長 3

大きな操作画面で
該当箇所を
囲んでいるので
よくわかる！

Memo

メディアの自動再生

USBメモリーをパソコンに接続すると、自動再生のメッセージが表示されることがあります。メッセージをクリックして、[フォルダーを開いてファイルを表示]をクリックすると、次回USBメモリーを接続したときに、自動的にエクスプローラーが開いてフォルダーが表示されます。

USB ドライブ (D:)

パソコンの基本操作

- 本書の解説は、基本的にマウスを使って操作することを前提としています。
- お使いのパソコンのタッチパッド、タッチ対応モニターを使って操作する場合は、各操作を次のように読み替えてください。

① マウス操作

▼ クリック（左クリック）

クリック（左クリック）の操作は、画面上にある要素やメニューの項目を選択したり、ボタンを押したりする際に使います。

マウスの左ボタンを1回押します。

タッチパッドの左ボタン（機種によっては左下の領域）を1回押します。

▼ 右クリック

右クリックの操作は、操作対象に関する特別なメニューを表示する場合などに使います。

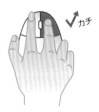

マウスの右ボタンを1回押します。

タッチパッドの右ボタン（機種によっては右下の領域）を1回押します。

ダブルクリックの操作は、各種アプリを起動したり、ファイルやフォルダーなどを開く際に使います。

マウスの左ボタンをすばやく2回押します。

タッチパッドの左ボタン（機種によっては左下の領域）をすばやく2回押します。

ドラッグの操作は、画面上の操作対象を別の場所に移動したり、操作対象のサイズを変更する際などに使います。

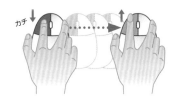 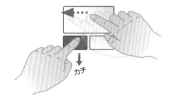

マウスの左ボタンを押したまま、マウスを動かします。目的の操作が完了したら、左ボタンから指を離します。

タッチパッドの左ボタン（機種によっては左下の領域）を押したまま、タッチパッドを指でなぞります。目的の操作が完了したら、左ボタンから指を離します。

📖 Memo

ホイールの使い方

ほとんどのマウスには、左ボタンと右ボタンの間にホイールが付いています。ホイールを上下に回転させると、Webページなどの画面を上下にスクロールすることができます。そのほかにも、Ctrl を押しながらホイールを回転させると、画面を拡大／縮小したり、フォルダーのアイコンの大きさを変えたりできます。

② 利用する主なキー

▼ 半角／全角キー

半角／全角 漢字　日本語入力と英語入力を切り替えます。

▼ エンターキー

Enter　変換した文字を決定するときや、改行するときに使います。

▼ ファンクションキー

F1 ～ F12　12個のキーには、ソフトごとによく使う機能が登録されています。

▼ デリートキー

Delete　文字を消すときに使います。「del」と表示されている場合もあります。

▼ バックスペースキー

Back Space　入力位置を示すポインターの直前の文字を1文字削除します。

▼ 文字キー

文字を入力します。

▼ オルトキー

Alt　メニューバーのショートカット項目の選択など、ほかのキーと組み合わせて操作を行います。

▼ Windowsキー

画面を切り替えたり、＜スタート＞メニューを表示したりするときに使います。

▼ 方向キー

文字を入力する位置を移動するときに使います。

▼ スペースキー

ひらがなを漢字に変換したり、空白を入れたりするときに使います。

▼ シフトキー

⇧ Shift　文字キーの左上の文字を入力するときに使います。

▼ タップ

画面に触れてすぐ離す操作です。ファイルなど何かを選択するときや、決定を行う場合に使用します。マウスでのクリックにあたります。

▼ ダブルタップ

タップを2回繰り返す操作です。各種アプリを起動したり、ファイルやフォルダーなどを開く際に使用します。マウスでのダブルクリックにあたります。

▼ ホールド

画面に触れたまま長押しする操作です。詳細情報を表示するほか、状況に応じたメニューが開きます。マウスでの右クリックにあたります。

▼ ドラッグ

操作対象をホールドしたまま、画面の上を指でなぞり上下左右に移動します。目的の操作が完了したら、画面から指を離します。

▼ スワイプ／スライド

画面の上を指でなぞる操作です。ページのスクロールなどで使用します。

▼ フリック

画面を指で軽く払う操作です。スワイプと混同しやすいので注意しましょう。

▼ ピンチ／ストレッチ

2本の指で対象に触れたまま指を広げたり狭めたりする操作です。拡大（ストレッチ）／縮小（ピンチ）が行えます。

▼ 回転

2本の指先を対象の上に置き、そのまま両方の指で同時に右または左方向に回転させる操作です。

Contents —目次—

第 **2** 章 **Windows 11の基本操作を覚えよう**

Contents —目次—

Contents —目次—

第 5 章 アプリで写真や動画を楽しもう

Contents −目次−

Contents —目次—

▶▶ 第 **1** 章 ◀◀

Windows 11を
使い始めよう

▶ Section **01**

Windows 11の
特徴と機能を知ろう

Windows 11は、Windows 10を進化させた最新のOSです。スタートメニューやフォルダー、ファイルのアイコンなどが刷新されました。最初のうちは戸惑うかも知れませんが、直感的に操作できるように工夫されています。

① タスクバーとスタートメニューが刷新された

タスクバーの中央に配置されている [スタート] をクリックすると、アイコンが並んだスタートメニューが表示されます。 パソコンにインストールされているアプリケーション (アプリ) の一覧を表示するには、 [すべてのアプリ] をクリックします。 パソコンの電源オフや再起動なども、この画面で行います (26〜29ページ参照)。

よく使うアプリがワンクリックで起動できるアイコンで表示されています。

「スタート」やアプリのアイコンがタスクバーの中央に配置されています。

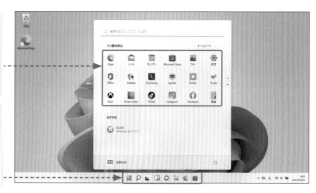

スタートメニューで [すべてのアプリ] をクリックすると、アプリの一覧が表示されます。

② ウィジェットが追加された

リアルタイムで情報を表示するウィジェットが利用できるようになりました。天気予報やニュース、株価などの情報をすばやくチェックするときに役立ちます。表示された項目をクリックすると、Webブラウザーが起動して情報が表示されます。表示する項目はカスタマイズすることができます（48〜51ページ参照）。

天気予報やニュースなどの情報がリアルタイムで更新されます。

クリックすると、ウィジェットを表示することができます。

表示する項目はカスタマイズできます。

③ エクスプローラーが使いやすくなった

デザインが変わってシンプルになり操作しやすくなりました。フォルダーアイコンのデザイン
も変わり、主要なフォルダーはカラフルになっています。ファイルやフォルダーの操作の多
くはツールバーやプルダウンメニューから行う形式に変更され、マウスだけでなく、タッチパ
ネルでも作業しやすいように工夫されています。

フォルダーアイコンの
デザインが変わり、主
要なフォルダーはカラ
フルになりました。

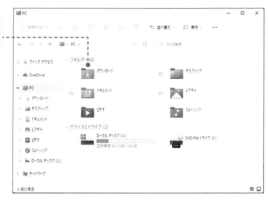

基本的な機能アイコン
だけがツールバーに表
示されるようになりまし
た。

そのほかの機能はプル
ダウンメニューから行
う形式に変更されまし
た。

④ スナップ機能が進化した

複数のウィンドウのサイズを調整して並べるスナップ機能が強化され、より使いやすくなりました。特に大きなモニターを使っているときに、画面全体を効率よく使用することができます。スナップレイアウトの種類は解像度に応じて変わります（60、61ページ参照）。

[最大化]にマウスポインターを合わせると、スナップレイアウトメニューが表示されます。

配置方法を選択すると、ウィンドウがレイアウトに合わせて分割表示されます。

配置したいウィンドウをクリックすると、選択したレイアウトでウィンドウが配置されます。

Windows 11 を
起動しよう／終了しよう

パソコンの電源を入れるとWindows 11が起動してロック画面が表示されるので、PINまたはパスワードを入力してWindowsにサインインします。Windows 11を終了するには、[電源] から [シャットダウン] をクリックします。

① Windows 11を起動する

1 電源を入れると、Windows 11が 起動してロック画面が表示されます。

2 画面をクリックするか、任意のキーを押します。

3 PIN(またはパスワード)を入力して、[Enter]を押すと、

技評太郎

4 Windows 11が 起動して、デスクトップ画面が表示されます。

② Windows 11を終了する

1 [スタート] をクリックします。

2 [電源] をクリックして、

3 [シャットダウン] をクリックすると、

4 Windows 11が終了して、パソコンの電源が切れます。

📖 Memo

そのほかの終了方法

[スタート] を右クリックして、[シャットダウンまたはサインアウト] にマウスポインターを合わせ、[シャットダウン] をクリックしても終了できます。

🔑 KeyWord

サインアウト／スリープ／再起動

上記の手順 3 やMemoの画面で表示される「サインアウト」「スリープ」「再起動」の機能は以下のとおりです。

項目	機能
サインアウト	サインインしたユーザーの操作環境だけを終了する機能です。ロック画面に戻ります。
スリープ	作業中のままパソコンの動作を一時的に停止して待機させる機能です。キーやマウスを操作すると、すぐにもとの状態で再開できます。
再起動	起動しているすべてのアプリを終了して、パソコンを起動し直します。

スタートメニューの構成と機能を知ろう

Windows 11のスタートメニューはデスクトップの中央に表示されます。メニューの構成やデザインも一新され、左下にユーザーのアイコン、右下に [電源] アイコン、上部にはよく使うアプリがピン留めされています。

① スタートメニューを表示する

1 [スタート] をクリックすると、

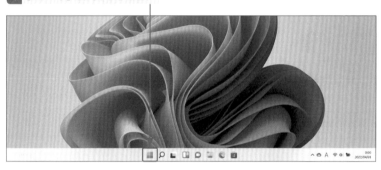

2 スタートメニューが表示されます。

② スタートメニューの構成と機能

ピン留め済み
スタートメニューに固定されているアプリや機能のアイコンが表示されます。

スクロールボタン
スタートメニューのページを切り替えます。

検索ボックス
インストール済みのアプリや機能、インターネット上の情報などを検索できます。

すべてのアプリ
インストールされているすべてのアプリを表示します。

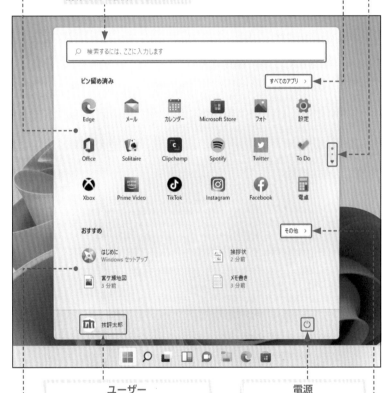

ユーザー
Windowsのロック、サインアウト、ユーザーの切り替えなどができます。

電源
シャットダウン、スリープ、再起動を行います。

おすすめ／履歴
最近インストール、使用したファイルなどが表示されます。

その他
[おすすめ]に表示しきれないアプリやファイルなどが表示されます。

③ すべてのアプリを表示する

1 スタートメニューを表示して、[すべてのアプリ] をクリックすると、

2 アプリの一覧がアルファベット順および五十音順で表示されます。

3 いずれかのアルファベットまたは五十音をクリックすると、

4 インストールされているアプリ名の頭文字が表示されます。

5 クリックするとそのアプリの一覧表示にジャンプします。

※ Hint

スタートメニューに戻るには?

[戻る] をクリックすると、もとのスタートメニューに戻ります。

④ おすすめとその他

1 スタートメニューの [おすすめ] には、最近インストールしたアプリや使用したファイルが表示されます。

2 [その他] をクリックすると、

3 表示しきれなかったアプリやファイルなどが、一覧表示されます。

📖 Memo

ユーザーの切り替え

使用しているパソコンで複数のユーザーアカウントを設定している場合は、ユーザー名をクリックすると、設定しているユーザー名が表示されます。目的のユーザー名をクリックすると、切り替えを行うことができます。

文字入力アプリの
ワードパッドを開こう

インターネットでさまざまな情報を検索したり、文書を作成したりするには、文字を入力する必要があります。本書では、文字入力をマスターするためのアプリとして、Windows 11にインストールされているワードパッドを使います。

① ワードパッドを起動する

1 [スタート] をクリックして、

2 [すべてのアプリ] をクリックし、

🔑 KeyWord

ワードパッド

ワードパッドは、Windowsにインストールされている文書作成用のアプリです。文字修飾や画像・図形などの編集もできます。

3 [Windowsツール] をクリックします。

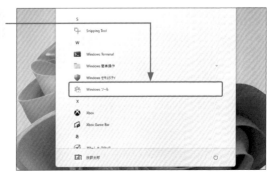

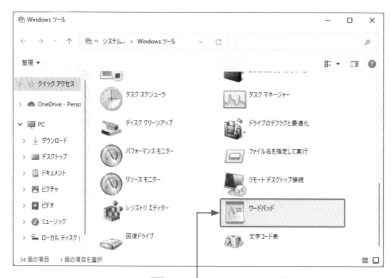

4 [ワードパッド] をダブルクリックすると、

5 ワードパッドが起動します。

② ワードパッドの画面構成

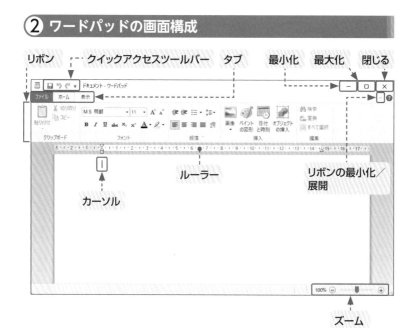

リボン　クイックアクセスツールバー　タブ　最小化　最大化　閉じる

ルーラー

リボンの最小化／展開

カーソル

ズーム

文字入力の準備をしよう

文字を入力する場合は、あらかじめ入力モードや入力方式を指定します。日本語は「ひらがな」入力モード、英数字は「半角英数字」入力モードに切り替えます。また、日本語を入力する方式には、ローマ字入力とかな入力があります。

第1章
Windows 11を使い始めよう

① 入力モードの違い

KeyWord

入力モード

「入力モード」とは、キーを押したときに入力される「ひらがな」や「半角英数」などの文字の種類を選ぶ機能です。

日本語入力（ローマ字入力の場合）

1 入力モードを「ひらがな」にして（33ページ参照）、

2 U I N D O U Z U とキーを押します。

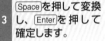

ういんどうず

Tab キーを押して選択します

1 ういんどうず

3 Space を押して変換し、Enter を押して確定します。

ウインドウズ

英字入力

1 入力モードを「半角英数字」にして（33ページ参照）、

2 W I N D O W S とキーを押すと、直接英字が入力されます。

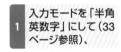

windows

Memo

日本語入力と英字入力

日本語を入力するには「ひらがな」入力モードにして、文字キーを押してひらがな（読み）を入力し、Space を押して漢字やカタカナに変換します。半角英字の場合は「半角英数字」入力モードにして、英字キーを押すと小文字で入力されます。

② 入力モードを切り替える

1 入力モードを右クリックして、

2 [全角英数字] をクリックすると、

> 🔆 **Hint**
>
> **入力モードの切り替え**
>
> 入力モードをクリックするたびに、「ひらがな」入力モードと「半角英数字」入力モードが切り替わります。

3 「全角英数字」入力モードに切り替わります。

③ 「ローマ字入力」に切り替える

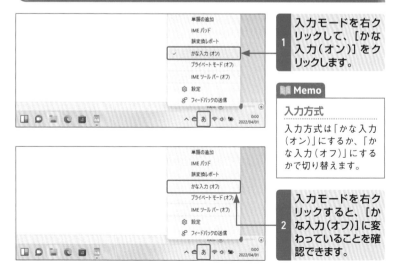

1 入力モードを右クリックして、[かな入力(オン)]をクリックします。

> 📖 **Memo**
>
> **入力方式**
>
> 入力方式は「かな入力(オン)」にするか、「かな入力(オフ)」にするかで切り替えます。

2 入力モードを右クリックすると、[かな入力(オフ)]に変わっていることを確認できます。

英数字を入力しよう

通常、半角のアルファベットや数字は、「半角英数字」入力モードで入力します。
ただし、日本語と英数字が混在する文章を入力する場合は、「ひらがな」入力モードで入力して、あとから半角英数字に変換するほうが効率的です。

① 「半角英数字」入力モードで英数字を入力する

1 入力モードを「半角英数字」に切り替えます（33ページ参照）。

2 [Shift]を押しながら[W]を押します。

3 [Shift]を離して[I][N][D][O][W][S]を押します。

4 [Space]を押してスペースを入力し、

☀ Hint

大文字と小文字の入力

入力モードが「半角英数字」の場合、英字キーを押すと小文字の英字が入力され、[Shift]を押しながら英字キーを押すと大文字が入力されます。

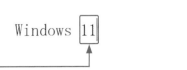

5 [1][1]を押します。

② 「ひらがな」入力モードで英数字を入力する

1 入力モードを「ひらがな」に切り替えます(33ページ参照)。

2 HELLOを押します。

3 F10を1回押すと、

4 すべて小文字に変換されます。

5 F10をもう1回押すと、

6 すべて大文字に変換されます。

7 F10をもう1回押すと、

8 先頭だけ大文字に変換されます。

9 F10をもう1回押すと、

10 すべて小文字に変換されます。

📖 Memo

「ひらがな」入力モードで英字にする

「ひらがな」入力モードで英字を入力してF10を押すと、英字に変換できます。なお、Shiftを押しながら英字の1文字目を入力すると、一時的に「半角英数字」入力モードに切り替わります。

日本語を入力しよう

日本語を入力するには、「ひらがな」入力モードに切り替えます。文字の読みをひらがなで入力し、Space を押してカタカナや漢字に変換します。直接カタカナに変換する場合は、ひらがなで入力して F7 を押して変換します。

① ひらがなを入力する

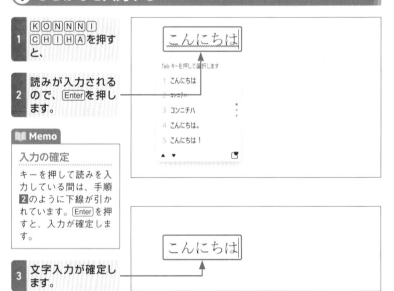

1 K O N N N I C H I H A を押すと、

2 読みが入力されるので、Enter を押します。

■ Memo

入力の確定

キーを押して読みを入力している間は、手順 **2** のように下線が引かれています。Enter を押すと、入力が確定します。

3 文字入力が確定します。

☀ Hint

予測文字を利用する

読みのキーを押し始めると、予測文字が表示されます。入力する文字が表示されている場合は、Tab または ↓ ↑ を押して候補を選択し、Enter を押します。

予測文字 ---

② 漢字に変換する

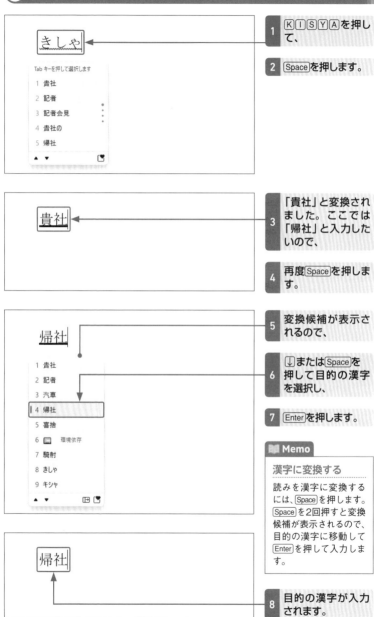

1 KISYAを押して、

2 Spaceを押します。

3 「貴社」と変換されました。ここでは「帰社」と入力したいので、

4 再度Spaceを押します。

5 変換候補が表示されるので、

6 ↓またはSpaceを押して目的の漢字を選択し、

7 Enterを押します。

📖 Memo

漢字に変換する

読みを漢字に変換するには、Spaceを押します。Spaceを2回押すと変換候補が表示されるので、目的の漢字に移動してEnterを押して入力します。

8 目的の漢字が入力されます。

37

文節の区切りを変更しよう

文書を入力するときは単語単位で変換するよりも、ある程度の文章を入力してから変換するほうが効率的です。目的とは異なる区切りで変換されてしまう場合は、文節を変更して変換し直すことで正しい文章を入力できます。

① 文節の区切りを変更する

「今日は着物を買った。」と入力します。

1 KYOUHAK IMONOWO KATTA。を押して、

きょうはきものをかった。

Tab キーを押して選択します
1 今日履物を買った。
2 今日はき物を買った。
3 きょうはきものを買った。
▲ ▼   🖱

2 Spaceを押します。

3 複数の文節がまとめて変換されます。

今日履物を買った。

4 ←を押して、

5 [履物を] を変換対象にします。

今日履物を買った。

🔎 KeyWord

文節／複文節

「文節」とは、末尾に「〜ね」や「〜よ」を付けて意味が通じる、文の最小単位のことです。複数の文節で構成された文 (文字列) を「複文節」といいます。

📑 Memo

文節の変更

変換される際に、誤った文節に区切られる場合があります。←や→を押すと文節を移動できます。Shiftを押しながら←や→を押して文節の区切りを変更し、文字を変換し直します。

6 [Shift]と[←]を押して、「は」に移動します。

今日は きものを買った。

7 [→]を押して、「きものを」を変換対象にします。

今日は きものを 買った。

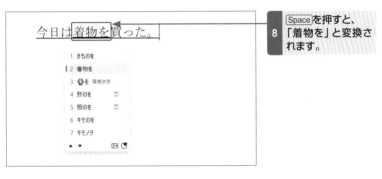

8 [Space]を押すと、「着物を」と変換されます。

今日は 着物を 買った。

1	きものを	
2	着物を	
3	🌐を 環境依存	
4	肝のを	
5	胆のを	
6	キモのを	
7	キモノヲ	

9 [Enter]を押して確定します。

今日は着物を買った。

🦶 StepUp

漢字の再変換

目的の漢字に変換されなかった場合は、入力を確定したあとでも再変換することができます。変換し直したい文節にカーソルを移動して[変換]を押すと、変換候補が表示されるので、正しい漢字を選択します。

1 カーソルを移動して[変換]を押すと、

昨日の説明。

1	機能
2	昨日
3	きのう
4	喜納
5	備納
6	帰農

2 変換候補が表示されます。

39

文字をコピーしよう／移動しよう

一度入力した文字列を何度も繰り返し入力する場合は、ほかの位置にコピーすると作業効率がアップします。また、文字列をほかの位置に移動することもできます。コピーまたは切り取りと、貼り付け機能を利用します。

① 文字列をコピーする

1 コピーしたい文字列をドラッグして選択し、

2 [ホーム] タブの [コピー] をクリックします。

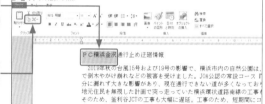

3 コピーしたい位置にカーソルを移動します。

4 [ホーム] タブの [貼り付け] の上部をクリックすると、

5 文字列が貼り付けられます。

② 文字列を移動する

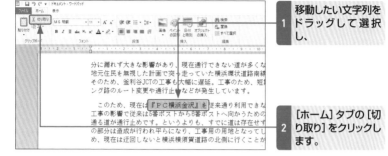

1 移動したい文字列を ドラッグして選択 し、

2 [ホーム]タブの[切 り取り]をクリックし ます。

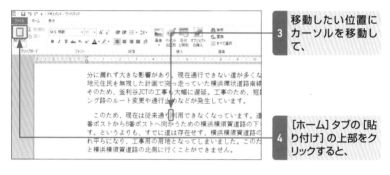

3 移動したい位置に カーソルを移動し て、

4 [ホーム]タブの[貼 り付け]の上部をク リックすると、

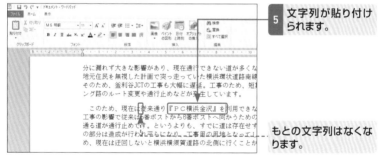

5 文字列が貼り付け られます。

もとの文字列はなくな ります。

第
1
章

Windows 11を使い始めよう

☀ Hint

そのほかのコピー/移動方法

文字列を選択して、CtrlとCを同時に押し、コピー先にカーソルを移動してCtrlとVを同時に押すとコピーが、CtrlとXを同時に押し、移動先にカーソルを移動してCtrlとVを同時に押すと移動ができます。このようなキーを用いた操作をショートカットキーといいます。また、選択した文字列をCtrlを押しながらコピー先までドラッグするとコピーが、そのままドラッグすると移動ができます。

ファイルを保存して閉じよう

文章を入力したら、ファイルとして保存します。保存しておくと、何度でも開いて編集することができます。保存には、名前を付けて保存と上書き保存があります。初めて保存する場合は、名前を付けて保存します。

① 名前を付けて保存する

1　[ファイル] タブをクリックします。

2　[名前を付けて保存] にマウスポインターを合わせて、

3　[リッチテキストドキュメント] をクリックします。

📖 Memo

ファイル形式の種類

ワードパッドの場合、ファイル形式の既定は「リッチテキスト形式」です。ファイル形式は、[名前を付けて保存] ダイアログボックスの [ファイルの種類] でも指定することができます。なお、手順2で [名前を付けて保存] をクリックすると、既定のファイル形式で保存されます。

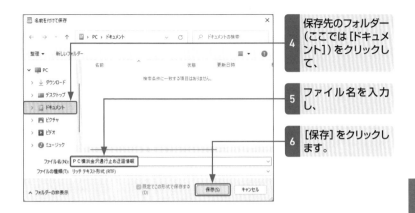

4 保存先のフォルダー（ここでは [ドキュメント]）をクリックして、

5 ファイル名を入力し、

6 [保存] をクリックします。

7 文書が保存されて、ファイル名が表示されます。

ＰＣ横浜金沢通行止め迂廻情報

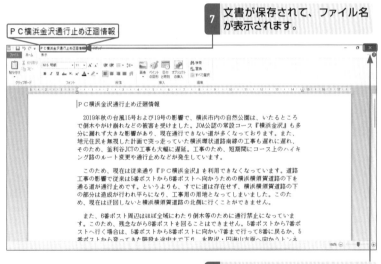

8 [閉じる] をクリックしてファイルを閉じ、ワードパッドを終了します。

🔎 KeyWord

名前を付けて保存

作成した文書を何度でも利用できるように、保存先のフォルダーを指定し、名前を付けてファイルとして保存します。何のファイルかがわかるように、わかりやすい名前を付けましょう。なお、同じフォルダーに同じ名前を付けて保存することはできません。

② 上書き保存する

コマンドを利用する

1 保存した文書を開いて編集しています。

🔑 KeyWord

上書き保存

保存済みのファイルを開いて編集したあと、同じフォルダーに同じファイル名で保存することをいいます。変更内容が更新して保存されます。

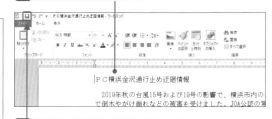

2 [上書き保存]をクリックします。

メニューを利用する

1 [ファイル]タブをクリックして、

2 [上書き保存]をクリックします。

☀ Hint

保存したファイルを開く

ワードパッドを起動して、[ファイル]タブの[開く]をクリックします。[開く]ダイアログボックスが表示されるので、保存先のフォルダーを指定して目的のファイルをクリックし、[開く]をクリックします。なお、[最近使ったファイル]に目的のファイルがあれば、クリックすると、すばやく開くことができます。

1 [ファイル]タブをクリックして、

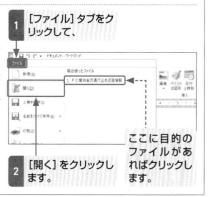

2 [開く]をクリックします。

ここに目的のファイルがあればクリックします。

▶▶ 第 **2** 章 ◀◀

Windows 11の
基本操作を覚えよう

デスクトップ画面の構成と機能を知ろう

Windows 11を起動すると表示される画面全体をデスクトップといいます。下部にはタスクバーがあり、中央部には[スタート]や[検索]など主要なアイコンが表示されています。右側には日付などが表示される通知領域があります。

① デスクトップ画面の構成

ごみ箱
不要になったファイルやフォルダーをここに移動して削除します。ごみ箱の中からもとに戻すこともできます。

デスクトップ
アプリのウィンドウなどを表示して、さまざまな操作を行う場所です。

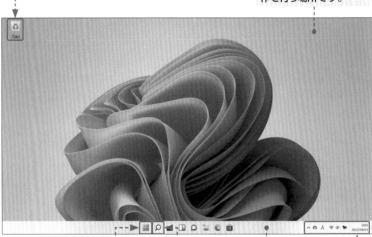

スタート
クリックしてスタートメニューを表示します。右クリックしてWindowsの各機能を呼び出すこともできます。

タスクバー
[スタート]やアプリのアイコン、起動中のアプリのアイコンなどが表示されます。

検索
クリックすると検索メニューが表示され、アプリや機能、インターネット上の情報などが検索できます。

通知領域
ネットワークや音量、日本語入力システムの状態を示すアイコン、現在の日付と時刻などが表示されます。

② 通知とカレンダー

通知領域にある日時や通知の件数をクリックすると、通知とカレンダーが表示されます。
カレンダーは、月単位と日単位の表示に切り替えることができます。

通知の内容

カレンダー

ここをクリックすると、
月単位の表示に切り替
わります。

③ クイック設定

通知領域にあるネットワーク、音量、電源などのアイコンをクリックすると、クイック設定
や画面の明るさ、音量などを調整できる画面が表示されます。クイック設定は、必要に応
じて機能の追加や削除ができます（208ページ参照）。

クイック設定

画面の明るさと音量の
調整ができます。

ウィジェットで
最新情報を入手しよう

ウィジェットとは、デスクトップにリアルタイムで情報を表示する機能です。必要に応じて追加や削除、表示サイズの変更などができます。また、ウィジェットごとにカスタマイズすることもできます。

① ウィジェットを表示する

1 タスクバーの [ウィジェット] をクリックすると、

2 ウィジェットパネルが表示され、さまざまなウィジェットが表示されます。

3 ウィジェット (ここでは「天気」) をクリックすると、

4 詳細な情報が表示されます。

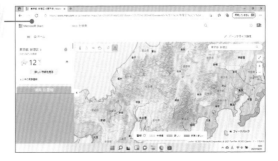

② ウィジェットを追加する

1 ウィジェットパネルを表示して、

2 [ウィジェットを追加]をクリックします。

3 追加するウィジェット(ここでは[ヒント])をクリックして、

4 [閉じる]をクリックすると、

5 ウィジェットが追加されます。

☀ Hint

ウィジェットを削除する

削除したいウィジェットの[その他のオプション]をクリックして[ウィジェットの削除]をクリックすると、ウィジェットパネルから削除できます。

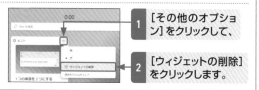

1 [その他のオプション]をクリックして、

2 [ウィジェットの削除]をクリックします。

③ ウィジェットの大きさを変更する

1 変更したいウィジェット（ここでは「株価情報」）の [その他のオプション] をクリックして、

2 サイズ（ここでは [大]）をクリックすると、

3 表示サイズが変更されます。

（左余白）第2章　Windows 11の基本操作を覚えよう

📖 Memo

ウィジェットのサイズの変更

ウィジェットのサイズを変更した場合、ウィジェットにより表示される内容が変わります。株価情報の場合は表示される銘柄数が変わります。天気の場合は現在の気象情報のみ、数日間の天気予報の表示、気温や降水確率のグラフ表示というように表示内容が変わります。

④ ウィジェットの設定を変更する

1 変更したいウィジェット(ここでは「天気」)の[その他のオプション]をクリックして、

2 [ウィジェットのカスタマイズ]をクリックします。

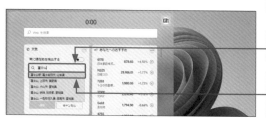

3 表示する市町村や場所を入力すると、

4 候補が表示されるので、目的の場所をクリックします。

5 [保存]をクリックすると、

☀ Hint

場所を編集する

ウィジェットの種類によっては、ペン状のアイコン(「天気」では[場所と単位を編集])をクリックして設定を変更することもできます。

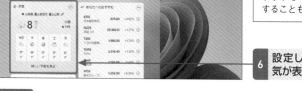

6 設定した場所の天気が表示されます。

☀ Hint

現在位置を検出する

位置情報を利用できる場合は、[常に現在地を検出する](手順5の図参照)をオンにすると、パソコンを使用している場所の天気が表示されます。この機能をオフにしている場合でも[現在の場所を検出]をクリックすると、現在の場所の情報が入力されます。
ただし、GPS機能のないパソコンの場合は、実際とは異なる場所が設定されることがあります。

アプリを起動しよう

Windows 11でアプリを起動するには、スタートメニューに表示されたアプリの
アイコンや、すべてのアプリの一覧からアプリをクリックします。また、ファイル
をダブルクリックして起動させることもできます。

① スタートメニューから起動する

1 スタートメニューを
表示して、

2 起動したいアプリ
（ここでは[カレン
ダー]）をクリックす
ると、

3 カレンダーアプリが
起動します。

今日の日付のカレン
ダーが表示されます。

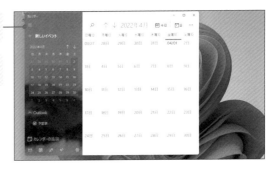

Memo

位置情報を利用するアプリの起動

天気や地図などの位置情報を利用するアプリを起動すると、
アクセスの許可を求める画面が表示されることがあります。
アクセスを許可する場合は[はい]、許可しない場合は[いい
え]をクリックします。アクセス許可を求めるアプリには位
置情報のほかに、カメラやマイクの使用などがあります。

② すべてのアプリから起動する

1 スタートメニューを表示して、

2 [すべてのアプリ]をクリックすると、

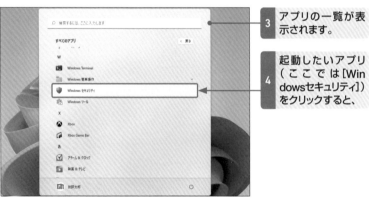

3 アプリの一覧が表示されます。

4 起動したいアプリ（ここでは[Windowsセキュリティ]）をクリックすると、

5 アプリが起動します。

📱 Memo

タスクバーから起動する

タスクバーにピン留め（表示）されているアプリのアイコンをクリックすると、アプリをすばやく起動することができます。

③ ファイルをダブルクリックしてアプリを起動する

1 [エクスプローラー]をクリックして、

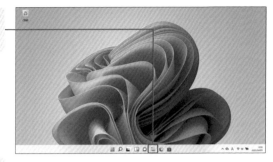

2 ファイルの保存されているフォルダーを開きます。

3 ここでは、テキストファイルをダブルクリックすると、

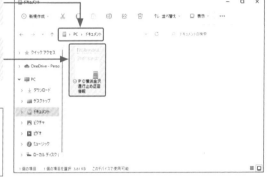

☀ Hint

Enterで起動する

ファイルを選択しEnterを押しても、起動させることができます。

4 アプリ(ここでは「メモ帳」)が起動して、

5 ダブルクリックしたファイルの内容が表示されます。

📘 Memo

ファイルからアプリを起動する

ファイルをダブルクリックすると、そのファイル形式(拡張子)に関連付けられたアプリが起動します。関連付けられたアプリとは別のアプリで開きたい場合は、ファイルの関連付けを変更します(55ページ参照)。

④ ファイルの関連付けを変更する

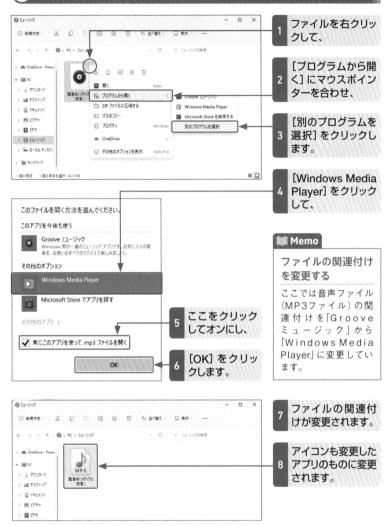

1 ファイルを右クリックして、

2 [プログラムから開く]にマウスポインターを合わせ、

3 [別のプログラムを選択]をクリックします。

4 [Windows Media Player]をクリックして、

5 ここをクリックしてオンにし、

6 [OK]をクリックします。

7 ファイルの関連付けが変更されます。

8 アイコンも変更したアプリのものに変更されます。

Memo

ファイルの関連付けを変更する

ここでは音声ファイル（MP3ファイル）の関連付けを「Grooveミュージック」から「Windows Media Player」に変更しています。

Hint

一覧にないアプリで開くには

インストール済みのアプリで開く場合は、手順4で[その他のアプリ]をクリックし、アプリを指定します。また、インストールしていないアプリで開く場合は[Microsoft Store でアプリを探す]をクリックし、アプリをインストールします。

よく使うアプリを
ピン留めしよう

よく使うアプリは、タスクバーにアプリのアイコンをピン留め(表示)しておくと、アイコンをクリックするだけでアプリを起動できます。また、アプリをスタートメニューにピン留めすることもできます。

① タスクバーにアプリをピン留めする

1 すべてのアプリを表示して、ピン留めするアプリ(ここでは「電卓」)を右クリックします。

2 [詳細]にマウスポインターを合わせて、

3 [タスクバーにピン留めする]をクリックすると、

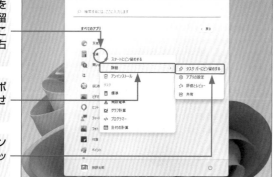

4 タスクバーにアプリのアイコンがピン留めされます。

☀ Hint

起動したアプリのアイコンからピン留めする

起動したアプリのアイコンからピン留めすることもできます。アプリを起動し、タスクバーに表示されるアイコンを右クリックして、[タスクバーにピン留めする]をクリックします。

② タスクバーからアプリのピン留めを外す

1 タスクバーにピン留めしたアプリのアイコンを右クリックして、

2 [タスクバーからピン留めを外す] をクリックすると、

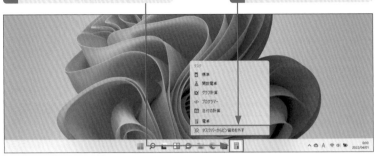

3 ピン留めが解除されます。

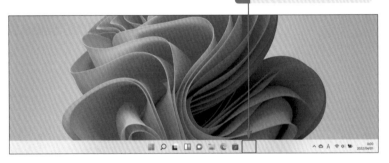

👉 StepUp

スタートメニューにピン留めする／ピン留めを外す

56ページの手順**2**で[スタートにピン留めする]をクリックすると、スタートメニューにピン留めされます。スタートメニューから削除したい場合は、アプリのアイコンを右クリックして、[スタートからピン留めを外す]をクリックします。

1 アプリのアイコンを右クリックして、

2 [スタートからピン留めを外す] をクリックします。

起動しているアプリを
切り替えよう

Windows 11には、複数のアプリを起動しているときに、すばやくアプリを切り替えることができるタスクビューという機能があります。また、複数のデスクトップ画面を切り替えて使うための仮想デスクトップが用意されています。

① 起動しているアプリを切り替える

1 複数のアプリを起動しています。

2 タスクバーの [タスクビュー] をクリックすると、

3 起動中のアプリがサムネイルで表示されます。

☀ Hint

そのほかの切り替え方法

タスクバーに表示されているアイコンをクリックするか、[Alt] を押しながら [Tab] を押すことでも、アプリを切り替えることができます。

☀ Hint

タスクビューの表示

[⊞] (Windows) を押しながら [Tab] を押しても、タスクビューを表示できます。

第2章　Windows 11の基本操作を覚えよう

前面（一番手前）に表示したいアプリをクリックするか、矢印キーを押してアプリを選択し[Enter]を押すと、

指定したアプリが前面に表示されます。

Memo

タスクビューからアプリを終了する

タスクビューを表示した状態でマウスポインターをサムネイルに合わせると、右上に[閉じる]×が表示されます。表示された[閉じる]をクリックすると、アプリを終了させることができます。

StepUp

仮想デスクトップ

仮想デスクトップは、1つのモニターで複数のデスクトップ画面を使うための機能です。タスクバーの[タスクビュー]をクリックすると、仮想デスクトップが表示されます。新しいデスクトップを追加する場合は、[新しいデスクトップ]をクリックします。デスクトップを切り替えるには、[タスクビュー]をクリックして、表示されるプレビューで切り替えます。

[新しいデスクトップ]をクリックすると、

デスクトップが追加されます。

複数のアプリを
並べて表示しよう

Windows 11では、複数のウィンドウのサイズを調整して並べるスナップ機能が
強化されました。[最大化] にマウスポインターを合わせると表示されるスナップレ
イアウトから並べ方と位置を選択できます。

① ウィンドウの配置方法を選択する

1 最初に位置を決め
たいウィンドウの
[最大化] にマウス
ポインターを合わ
せて、

2 ウィンドウのレイ
アウトと配置方法（こ
こでは「3分割」）を
クリックします。

3 選択したレイアウト
に配置されます。

4 右上に表示させる
ウィンドウ（ここでは
「Microsoft
Store」）をクリック
すると、

📖 Memo

レイアウトの分割数

レイアウトの分割数は、使用するモニターの解像度によって変わります。ノートパソコ
ンに多い1366×768ピクセルの画面では、最大4分割になります。

5 クリックしたウィンドウが表示されます。

6 右下に表示させるウィンドウ(ここでは「ドキュメント」)をクリックすると、

7 選択したレイアウトでウィンドウが配置されます。

📖 Memo

ウィンドウを再配置する

配置したウィンドウの表示位置を変更したい場合は、変更したいウィンドウの[最大化]にマウスポインターを合わせ、ウィンドウのレイアウトと配置を選んでクリックします。

⚡ Hint

スナップレイアウト表示を再現する

スナップレイアウトを使ってウィンドウを配置したあとで、ほかのウィンドウを開いたり、最小化したりしてウィンドウが隠れた場合、タスクバーから[グループ]を選択すると、スナップレイアウト表示を再現することができます。ただし、配置したウィンドウを閉じた場合は、再現できなくなります。

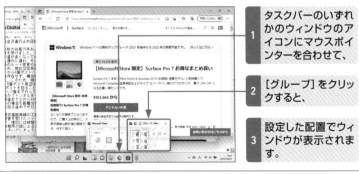

1 タスクバーのいずれかのウィンドウのアイコンにマウスポインターを合わせて、

2 [グループ]をクリックすると、

3 設定した配置でウィンドウが表示されます。

ウィンドウを自在に操作しよう

アプリを起動すると、デスクトップ上にウィンドウとして表示されます。ウィンドウは最大化や最小化したり、サイズを自由に調整したりすることができます。また、デスクトップ上の任意の位置に移動することもできます。

① ウィンドウを最大化する／最小化する

1 [最大化]をクリックすると、

2 ウィンドウが最大化（デスクトップいっぱいに）表示されます。

3 [最小化]をクリックすると、

もとのサイズに戻すには[元に戻す(縮小)]をクリックします。

4 ウィンドウがタスクバーに格納されます。

タスクバーのアイコンをクリックすると、ウィンドウが再び表示されます。

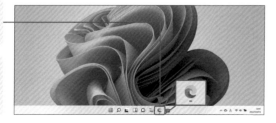

② ウィンドウサイズを変更する

1 ウィンドウの四隅に マウスポインターを 移動すると、両矢 印の形に変わりま す。

☀ Hint

縦横のサイズを変更する

ウィンドウの四辺にマ ウスポインターを移動 してドラッグすると、 縦方向または横方向の サイズを変更できます。

2 そのまま表示したい サイズになるまでド ラッグすると、

3 ウィンドウのサイズ が変更されます。

③ ウィンドウを移動する

1 ウィンドウの上部 (タイトルバー)をド ラッグすると、

2 ウィンドウが移動し ます。

63

エクスプローラーで
ファイルを整理しよう

エクスプローラーは、パソコン内のファイルやフォルダーを操作／管理するための
アプリです。Windows 11ではデザインが変わってシンプルになり、操作しやすく
なりました。アイコンのデザインも変更されています。

① エクスプローラーを起動する

1 タスクバーの[エクスプローラー]をクリックすると、

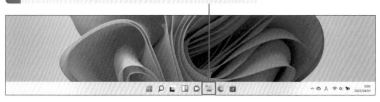

2 エクスプローラーが起動します。

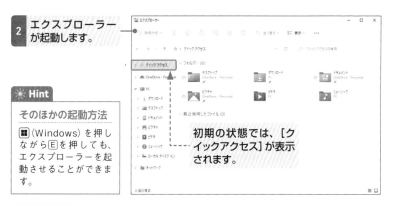

初期の状態では、[クイックアクセス]が表示されます。

※ Hint

そのほかの起動方法

■(Windows)を押しながら E を押しても、エクスプローラーを起動させることができます。

🔎 KeyWord

エクスプローラー

「エクスプローラー」はファイルやフォルダーに対して、コピーや移動、削除、名前の変更などのさまざまな操作を行うアプリです。画面の上部には、[新規作成]、[並べ替え]、[表示]、[もっと見る]の各メニューのほかに、[切り取り]や[コピー]など、ファイルやフォルダーを操作するコマンドが表示されています。また、フォルダーやファイルを選択すると、それに応じたコマンドやメニューが表示されます。

② エクスプローラーの基本画面

ツールバー
よく使う機能のコマンドがアイコン表示されています。選択したファイルに応じて表示が変わります。

スクロールバー
ウィンドウ内に表示しきれないアイテムを、上下にスクロールして表示します。

アドレスバー
現在のフォルダーの場所を表示します。

検索ボックス
ファイルやフォルダーなどを検索します。

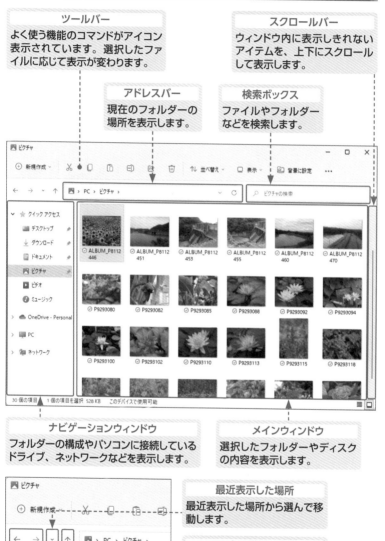

ナビゲーションウィンドウ
フォルダーの構成やパソコンに接続しているドライブ、ネットワークなどを表示します。

メインウィンドウ
選択したフォルダーやディスクの内容を表示します。

最近表示した場所
最近表示した場所から選んで移動します。

1つ上の階層へ移動
現在のフォルダーの1つ上の階層に移動します。

戻る/進む
直前に表示していたフォルダーに移動します。

③ ツールバーのメニュー

ツールバー　よく使う機能のコマンドが用意されています。ツールバーのコマンドは、選択したファイルの種類に応じて変化します。

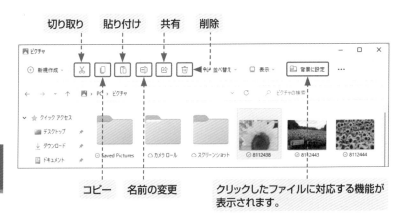

切り取り　貼り付け　共有　削除

コピー　名前の変更

クリックしたファイルに対応する機能が表示されます。

新規作成

フォルダーを新規に作成したり、ショートカットやテキストファイルなどを作成できます。

並べ替え

フォルダーやファイルの並べ方を指定します。

表示

フォルダーやファイル
の表示方法を指定しま
す。

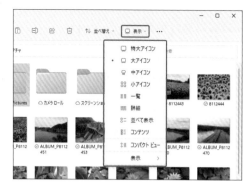

もっと見る

ツールバーに表示され
ていないコマンドやメ
ニューを利用できま
す。

④ 右クリック（コンテキスト）メニュー

フォルダーの右クリック

フォルダーを右クリック
すると、右図のような
メニューが表示されます
（フォルダーの種類に
よってメニューが異な
ります）。

一部の機能がアイコン
化されています。

よく使うフォルダーを
クイックアクセスに登録しよう

エクスプローラーのナビゲーションウィンドウあるクイックアクセスは、頻繁に使用するフォルダーにかんたんにアクセスできる機能です。使用することが多いフォルダーをピン留めしておくと、作業効率がアップします。

① クイックアクセスにピン留めする

1 クイックアクセスにピン留めしたいフォルダーを右クリックして、

2 [クイックアクセスにピン留めする] をクリックすると、

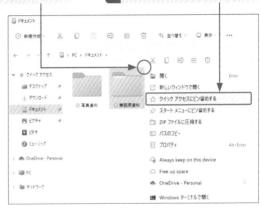

🔑 KeyWord

クイックアクセス

クイックアクセスは、よく使うファイルやフォルダーの一覧を表示する機能です。エクスプローラーが起動すると最初に表示されるので、頻繁に使用するフォルダーにすばやくアクセスできます。

3 フォルダーがクイックアクセスにピン留めされます。

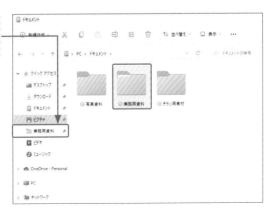

第2章 Windows 11の基本操作を覚えよう

② ピン留めを外す

1 ピン留めを外したいフォルダーを右クリックして、

2 [クイックアクセスからピン留めを外す]をクリックすると、

3 フォルダーのピン留めが解除されます。

📖 Memo

クイックアクセスの表示内容を変更する

エクスプローラーを起動したとき、最初に表示されるのは[クイックアクセス]ですが、[PC]に変更することもできます。ツールバーの[もっと見る]…から[オプション]をクリックして、[フォルダーオプション]ダイアログボックスを表示し、[全般]タブの[エクスプローラーで開く]で[PC]を選択します。

また、最近使ったファイルやよく使うフォルダーは自動的に表示されるようになっていますが、支障がある場合は[プライバシー]で項目をオフにします。

ここで変更します。

ここをオフにします。

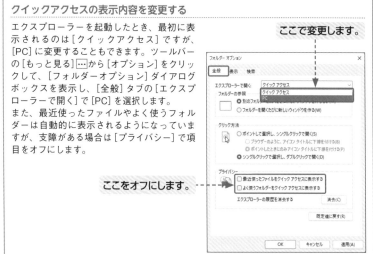

フォルダーを作成しよう

1つのフォルダーに多くのファイルを保存すると、必要なファイルが見つけにくくなります。このようなときは、ファイルの種類や目的ごとにフォルダーを作成して整理すると効率的です。

① 新しいフォルダーを作成する

1 フォルダーを作成する場所（ここでは[クイックアクセス]の[ドキュメント]）を開きます。

2 [新規作成]をクリックして、

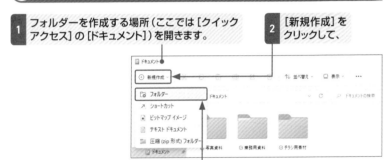

3 [フォルダー]をクリックすると、

4 新しいフォルダーが作成されます。

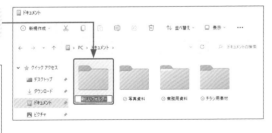

📖 Memo

そのほかの作成方法

フォルダーの何も表示されていないところで右クリックして、[新規作成]から[フォルダー]を選択して作成することもできます。

5 フォルダー名を入力して[Enter]を押すと、名前が確定されます。

② フォルダー名を変更する

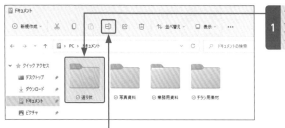

1 フォルダー名を変更するフォルダーをクリックして、

2 [名前の変更]をクリックします。

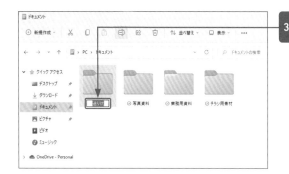

3 名前が入力できる状態になるので、

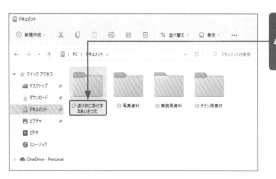

4 新しい名前を入力して Enter を押すと、フォルダー名が変更されます。

📖 Memo

そのほかの名前の変更方法

フォルダーを選択して F2 を押す、フォルダー名をゆっくりダブルクリックする、フォルダーを右クリックして[名前の変更]をクリックする、などの方法でもフォルダー名を変更することができます。

ファイルやフォルダーを
移動しよう／コピーしよう

ファイルやフォルダーを、もとのフォルダーから別のフォルダーに移すことを移動、
もとのフォルダーに残したまま、複製を別のフォルダーに作成することをコピーと
いいます。これらの操作はエクスプローラーで行います。

① ファイルやフォルダーを移動する

1 移動するファイルを
マウスでドラッグし
て選択し、

2 [切り取り]をクリッ
クします。

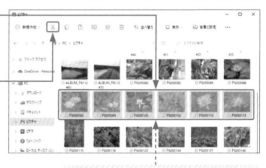

切り取られたファイルが半透明になります。

※ Hint

**複数のファイルを
選択する**

複数のファイルを選択
するには、マウスでド
ラッグするか、[Ctrl]を
押しながら1つずつク
リックします。

3 移動先のフォルダーを
開いて、

4 [貼り付け]をクリッ
クすると、

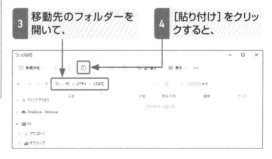

5 ファイルが移動され
ます。

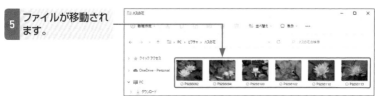

② ファイルやフォルダーをコピーする

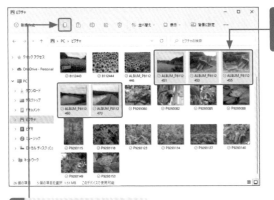

1 コピーするファイルを Ctrl を押しながらクリックして選択し、

2 [コピー]をクリックします。

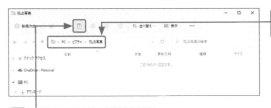

3 コピー先のフォルダーを開いて、

4 [貼り付け]をクリックすると、

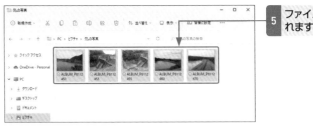

5 ファイルがコピーされます。

第2章 Windows 11の基本操作を覚えよう

📖 Memo

そのほかの移動／コピー方法

ドラッグ操作で移動やコピーをすることもできます。移動する場合は、ファイルを選択して移動先のフォルダーにそのままドラッグします。コピーする場合は、Ctrl を押しながらコピー先のフォルダーにドラッグします。

また、ショートカットキーを使って切り取りやコピー、貼り付けを行うこともできます。Ctrl + X で切り取り、Ctrl + C でコピー、Ctrl + V で貼り付けを行います

ファイルの表示を
見やすく変更しよう

エクスプローラーに表示されるファイルやフォルダーは、表示方法を変更して、見やすいように設定することができます。また、ファイルの内容を表示するプレビューウィンドウを表示させることもできます。

① ファイルの表示方法を変更する

1 [表示] をクリックして、

2 ファイルの表示方法（ここでは [並べて表示]）をクリックすると、

Memo参照

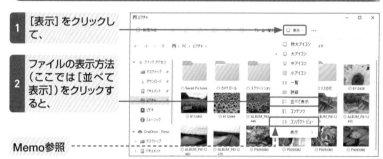

3 表示方法が変更され、ファイルの種類やサイズが表示されます。

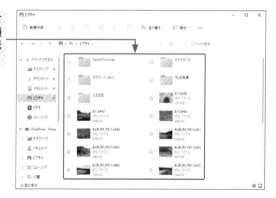

📖 Memo

コンパクトビュー

[表示] をクリックして [コンパクトビュー] をクリックすると、ナビゲーションウィンドウに表示されるフォルダーや、フォルダー内のファイルの表示間隔が狭くなります。フォルダーやファイルの表示数が多い場合に利用すると、探しやすくなります。

② プレビューを表示する

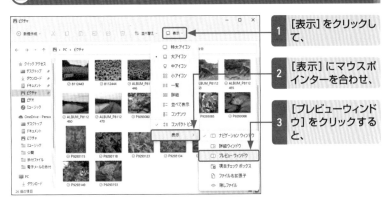

1 [表示] をクリックして、

2 [表示] にマウスポインターを合わせ、

3 [プレビューウィンドウ] をクリックすると、

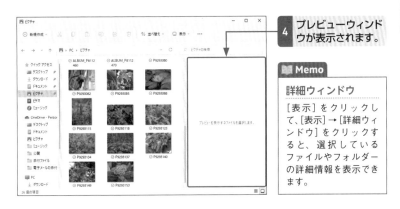

4 プレビューウィンドウが表示されます。

📖 Memo

詳細ウィンドウ

[表示] をクリックして、[表示]→[詳細ウィンドウ] をクリックすると、選択しているファイルやフォルダーの詳細情報を表示できます。

5 ファイルをクリックすると、

6 ファイルのプレビューが表示されます。

表示される内容は、ファイルの種類によって異なります。

不要なファイルや
フォルダーを削除しよう

ファイルやフォルダーを削除すると、デスクトップにある[ごみ箱]に移動されます。
ごみ箱内のファイルやフィルダーは、ごみ箱を空にしない限りもとの場所に戻すこ
とができます。

① ファイルやフォルダーを削除する

1 削除したいファイルを選択して、

2 [削除]をクリックすると、

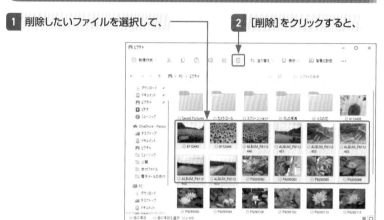

3 ファイルが削除され
ます。

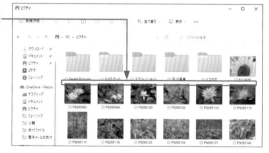

☀ Hint

すばやく削除する

ファイルやフォルダーを選択してDeleteを押すと、すばやく削除することができます。

② ファイルを [ごみ箱] からもとに戻す

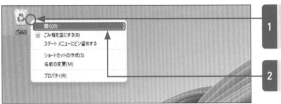

1 デスクトップの [ごみ箱] を右クリックして、

2 [開く]をクリックします。

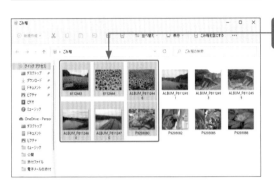

3 もとに戻したいファイルを選択します。

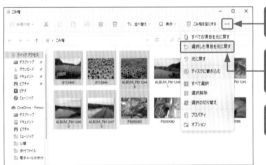

4 [もっと見る]をクリックして、

5 [選択した項目を元に戻す]をクリックすると、

6 ファイルがもとの場所に戻ります。

⚡ StepUp

[ごみ箱] を空にする

ごみ箱に移動されたファイルやフォルダーを完全に削除するには、デスクトップの [ごみ箱] を右クリックして、[ごみ箱を空にする] をクリックし、表示される画面で [はい] をクリックします。ごみ箱を空にすると、ファイルやフォルダーをもとに戻すことができなくなります。

ファイルをキーワードで 検索しよう

ファイルを保存した場所やフォルダーを作成した場所がわからなくなったときは、
エクスプローラーでキーワード検索をしましょう。保存先がわかっている場合は
フォルダーを指定し、わからない場合は [PC] を指定して検索します。

① 検索するフォルダーを指定する

1 タスクバーの [エクスプローラー] を
クリックして、

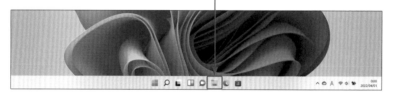

2 ファイルが保存され
ているフォルダーや
ドライブ、または
[PC] をクリックし
ます。

📕 Memo

検索する場所

エクスプローラーで検
索する場合、最初に検
索するフォルダーを指
定します。わからない
場合は、パソコン全体
を対象にする [PC] を
指定します。フォルダー
を絞り込むほど検索時
間が短縮されます。

3 検索するフォルダー
が指定されます。

② キーワードを入力して検索する

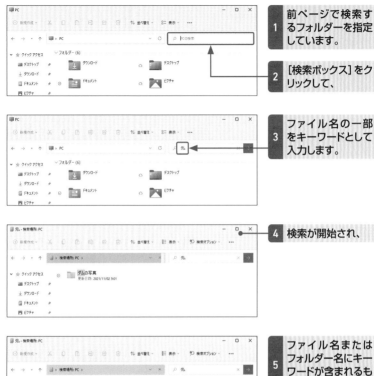

<table>
<tr><td>1</td><td>前ページで検索するフォルダーを指定しています。</td></tr>
<tr><td>2</td><td>[検索ボックス]をクリックして、</td></tr>
<tr><td>3</td><td>ファイル名の一部をキーワードとして入力します。</td></tr>
<tr><td>4</td><td>検索が開始され、</td></tr>
<tr><td>5</td><td>ファイル名またはフォルダー名にキーワードが含まれるものが検索されます。</td></tr>
<tr><td>6</td><td>ファイルをダブルクリックすると、アプリが起動してファイルが開きます。</td></tr>
</table>

📖 Memo

キーワードの入力

ファイル名が正確にわからない場合は、わかる範囲の文字をキーワードとして入力します。同じようなファイル名があると検索結果は増えてしまいますが、結果から目的のファイルを探すようにします。

デスクトップにショートカットを作成する

デスクトップにアプリやファイルのショートカットを作成しておくと、ダブルクリックするだけでアプリを起動したり、ファイルを開いたりすることができます。なお、アプリによってはショートカットが作成できないものもあります。

アプリのショートカットを作成する

1 スタートメニューを表示して、

2 [すべてのアプリ]をクリックします。

3 ショートカットを作成するアプリをデスクトップにドラッグすると、

4 デスクトップにアプリのショートカットが作成されます。

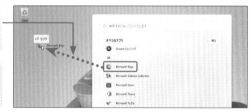

ファイルのショートカットを作成する

1 エクスプローラーでファイルを右クリックして、

2 [その他のオプションを表示]をクリックします。

3 [送る]→[デスクトップ（ショートカットを作成）]をクリックすると、

4 デスクトップにファイルのショートカットが作成されます。

第 3 章

インターネットを利用しよう

Microsoft Edgeを
起動しよう／終了しよう

Windows 11には、標準のWebブラウザーとしてMicrosoft Edge (マイクロソフトエッジ) が搭載されています。従来のInternet Explorerは利用できません。タスクバーのアイコンからMicrosoft Edgeを起動します。

① Microsoft Edgeを起動する

1 タスクバーの[Microsoft Edge]をクリックすると、

2 Microsoft Edgeが起動します。

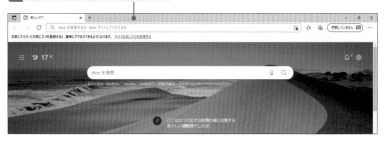

📖 Memo

タスクバーにアイコンがない場合

タスクバーに[Microsoft Edge]のアイコンが表示されていない場合は、スタートメニューやアプリの一覧を表示して、[Microsoft Edge]をクリックします(52ページ参照)。

📖 Memo

起動時に表示されるページ

起動時に表示されるWebページ(ホームページ)は、Microsoft Edgeの設定によって異なります。ホームページの設定方法については、94ページを参照してください。

② Microsoft Edgeを終了する

1 [閉じる]をクリックすると、

2 Microsoft Edgeが終了します。

📖 Memo

タブを閉じる

Microsoft Edgeでは、複数のタブを表示している場合も、[閉じる]をクリックするとMicrosoft Edgeが終了します。特定のタブだけを閉じたいときは、タブにマウスポインターを合わせると表示される[タブを閉じる]をクリックします。

タブを閉じる

Microsoft Edgeの
画面と機能を知ろう

Microsoft Edgeの画面は、タブやアドレスバーのほか、画面左上に[戻る][進む][更新] などのWebページの移動や再読み込みをするためのコマンドが、画面右上にはページを操作するためのコマンドが表示されています。

① Microsoft Edgeの画面構成

ホーム
Microsoft Edgeの起動時に表示されるWebページを表示します（94ページ参照）。

アドレスバー
URLを入力してWebページを表示したり、キーワードを入力してWebページを検索したりします。

スクロールバー
ドラッグして、Webページの下部や上部を表示します。

更新
表示中のWebページを読み込み直し、最新の状態にします。

戻る
1つ前に表示したWebページを表示します。表示するWebページがある場合に使用できます。

進む
1つ先に表示したWebページを表示します。[戻る]をクリックして、前のWebページに戻った場合に使用できます。

② Microsoft Edgeのタブの機能

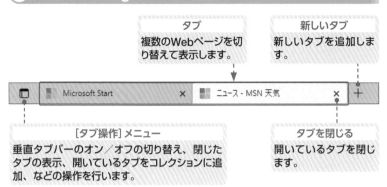

タブ
複数のWebページを切り替えて表示します。

新しいタブ
新しいタブを追加します。

[タブ操作]メニュー
垂直タブバーのオン/オフの切り替え、閉じたタブの表示、開いているタブをコレクションに追加、などの操作を行います。

タブを閉じる
開いているタブを閉じます。

③ Microsoft Edgeのコマンドの機能

このページをお気に入りに追加
表示しているWebページをお気に入りに追加します。

個人
サインインしているユーザーの情報が表示されます。Microsoftアカウントの同期設定、プロファイルの追加などを行うことができます。

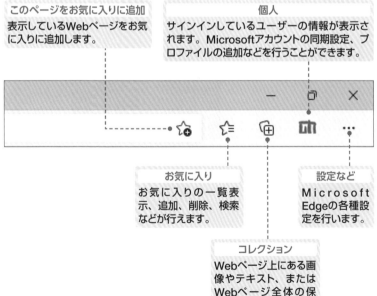

お気に入り
お気に入りの一覧表示、追加、削除、検索などが行えます。

設定など
Microsoft Edgeの各種設定を行います。

コレクション
Webページ上にある画像やテキスト、またはWebページ全体の保存や管理ができます。

Webページを表示しよう

目的のWebページを表示するには、アドレスバーにURLを入力して Enter を押します。また、過去に表示したWebページのアドレスが候補に表示された場合は、そこから選択することもできます。

① 目的のWebページを表示する

1 Microsoft Edgeを起動します。

2 アドレスバーに URLを入力して Enter を押すと、

3 目的のWebページ が表示されます。

☀ Hint

履歴を利用する

アドレスバーにURLを入力し始めると、過去に表示したWebページの中から入力に一致するものが表示されます。目的のWebページが表示された場合は、そのURLをクリックするか、↑↓を押して選択し Enter を押すと、すぐに表示されます。URLを最後まで入力する手間が省けます。

② 直前に見ていたWebページに戻る

1 [戻る] をクリックすると、

2 1つ前に表示したWebページに戻ります。

3 [進む] をクリックすると、1つ先に表示したWebページに進みます。

Memo

最新のWebページを表示する

同じWebページを表示していると、ページが更新された場合でも同じ画面のままです。[更新] 🔃 をクリックすると、Webページが読み込み直されて最新の情報が表示されます。

Hint

[戻る] [進む] の右クリックを利用する

[戻る] や [進む] を右クリックすると、過去に表示したページが一覧で表示されます。その一覧から表示したいページを選択することもできます。

87

Webページを検索しよう

Microsoft Edgeでインターネット上の情報を検索するには、アドレスバーにキーワードを入力して Enter を押します。表示された検索結果から目的のWebページをクリックします。

① Webページをキーワードで検索する

1 Microsoft Edge を起動して、

2 アドレスバーをクリックします。

3 検索キーワード(ここでは「技術評論社」)を入力して、Enter を押します。

☀ Hint

検索結果が多い場合

キーワードによっては、検索結果が多すぎて目的のWebページが見つけにくいことがあります。このようなときは、複数の検索キーワードをスペースで区切って入力し、検索結果を絞り込むとよいでしょう。

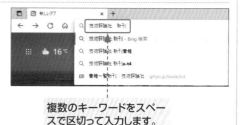

複数のキーワードをスペースで区切って入力します。

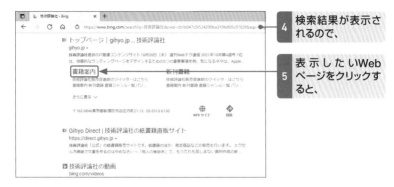

4 検索結果が表示されるので、

5 表示したいWebページをクリックすると、

6 目的のページが表示されます。

🌟 StepUp

イマーシブリーダー機能を使う

イマーシブリーダーとはWebページに表示される画像や広告などを非表示にして、本文など重要な部分のみを見やすく表示する機能です。対応しているWebページにアクセスするとアドレスバーに [イマーシブリーダーを開始する] が表示されるので、これをクリックします。

1 [イマーシブリーダーを開始する] をクリックすると、

2 イマーシブリーダー機能が有効になります。

複数のタブで
Webページを表示しよう

タブを利用すると、WebページごとにMicrosoft Edgeを起動するのではなく、1つのMicrosoft Edgeで複数のWebページを同時に開いておくことができます。タブをクリックして、Webページを切り替えて閲覧します。

① 新しいタブを追加してWebページを開く

1 Microsoft Edgeを起動します。

2 [新しいタブ] をクリックすると、

3 新しいタブが表示されます。

☀ Hint

タブでWebページの内容を確認する

表示していないタブにマウスポインターを合わせると、Webページの情報が表示されます。タブを切り替える前に内容を確認したいときに使うと便利です。

4 検索ボックスにWebページのURL（ここでは「https://microsoft.com」）を入力して、Enterを押すと、

5 新しいタブにWebページが表示されます。

6 ほかのタブをクリックすると、

7 Webページが切り替わります。

Hint

[タブ操作]メニューを活用する

画面左端にある[タブ操作]メニューをクリックすると、タブを操作するためのメニューが表示されます。タブを垂直に表示したり、最近閉じたタブを表示したり、開いているタブをコレクションに追加したりすることができます。

よく見るWebページを
お気に入りに登録しよう

お気に入りは、よく見るWebページの名前とURLを登録しておく場所のことです。
お気に入りにWebページを登録しておくと、見たいWebページをすばやく開くこ
とができるようになります。

① Webページをお気に入りに登録する

1 お気に入りに登録するWebページを表示して、

2 [このページをお気に入りに追加] をクリックすると、

3 お気に入りに登録されます。

4 必要に応じて、登録する名前と保存先フォルダーを指定して、

5 [完了] をクリックします。

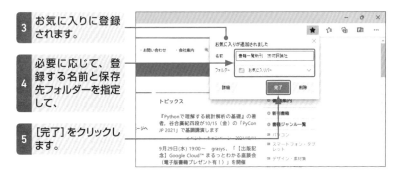

📖 Memo

お気に入りの登録

Microsoft Edgeでは、[このページをお気に入りに追加] をクリックした時点で、Webページのオリジナルの名前で [お気に入りバー] フォルダーに追加保存されます。手順**4**の操作をすることで、名前と保存先を変更することができます。

6 [お気に入り]をクリックすると、

7 お気に入りが登録されていることが確認できます。

② お気に入りからWebページを削除する

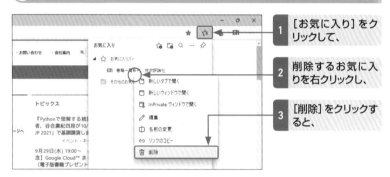

1 [お気に入り]をクリックして、

2 削除するお気に入りを右クリックし、

3 [削除]をクリックすると、

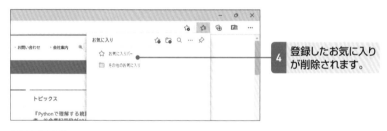

4 登録したお気に入りが削除されます。

♪♪ StepUp

お気に入りの保存先を変更する

お気に入りはフォルダーごとに整理することができます。フォルダーを新規に作成する場合は、92ページの手順**4**の画面で[詳細]をクリックして、[お気に入りの編集]画面で[新しいフォルダー]をクリックし、フォルダー名を入力します。[保存]をクリックすると、お気に入りの保存先を変更することができます。

最初に表示される
ホームページを変更しよう

Microsoft Edgeを起動したときに表示されるWebページをホームページといいます。ホームページは、任意のWebページに変更することができます。複数のWebページを設定し、同時に複数のタブで開くこともできます。

1 ホームページを変更する

1 ホームページにしたいWebページを表示してURLを右クリックし、

2 [コピー] をクリックします。

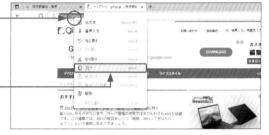

3 [設定など] をクリックして、

4 [設定] をクリックします。

5 [[スタート]、[ホーム]、および [新規] タブ] をクリックして、

ここをオンにすると、[ホーム] ボタンが表示されます。

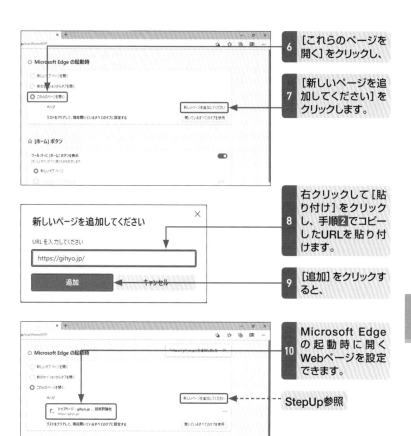

6 [これらのページを開く]をクリックし、

7 [新しいページを追加してください]をクリックします。

8 右クリックして[貼り付け]をクリックし、手順2でコピーしたURLを貼り付けます。

9 [追加]をクリックすると、

10 Microsoft Edge の起動時に開くWebページを設定できます。

StepUp参照

StepUp

複数のWebページをホームページにする

複数のWebページをホームページとして登録することもできます。上記の手順で1つ目のURLを入力して[追加]をクリックしたあと、[新しいページを追加してください]をクリックして、同様の手順でホームページを追加します。複数のホームページを登録すると、それぞれのWebページがタブで表示されます。

以前に見たWebページを 再度表示しよう

Microsoft Edgeには、過去に表示したWebページが履歴として記録されています。過去に見たWebページをもう一度見たいけれど、URLがわからないときは、履歴を利用します。

① 履歴から目的のWebページを表示する

1 [設定など] をクリックして、

2 [履歴] をクリックすると、

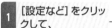

📖 Memo

履歴の表示

履歴は、画面左端にある [タブ操作] メニューをクリックして、[最近閉じたタブ] をクリックしても、表示することができます。

3 アクセスしたWebページが新しい順に表示されます。

4 表示したい履歴をクリックすると、

5 クリックしたWebページが表示されます。

② 期間を指定してWebページを表示する

1 [履歴]を表示して、[その他のオプション]をクリックし、

2 [[履歴]ページを開く]をクリックします。

3 履歴の期間をクリックすると、

4 その期間にアクセスしたWebページの一覧が表示されます。

※ Hint

閲覧履歴を削除する

閲覧の履歴を削除するには、手順1のメニューで[閲覧データをクリア]をクリックします。[閲覧データをクリア]画面が表示されるので、削除する時間の範囲を指定し、[閲覧の履歴]をクリックしてオンにし、[今すぐクリア]をクリックします。

閲覧の履歴のほか、クッキー（Cookie）やインターネット一時ファイルなどもオンにすれば消去することができます。

Webページ内を検索しよう

情報量の多いWebページでは、ページ内のどこに目的の情報があるのか見つけにくい場合があります。このようなときは、Microsoft Edgeのページ内の検索機能を利用し、キーワード検索をします。

① Webページ内でキーワード検索をする

1 検索するWebページを表示します。

2 [設定など] をクリックして、

3 [ページ内の検索] をクリックすると、

4 検索バーが表示されます。

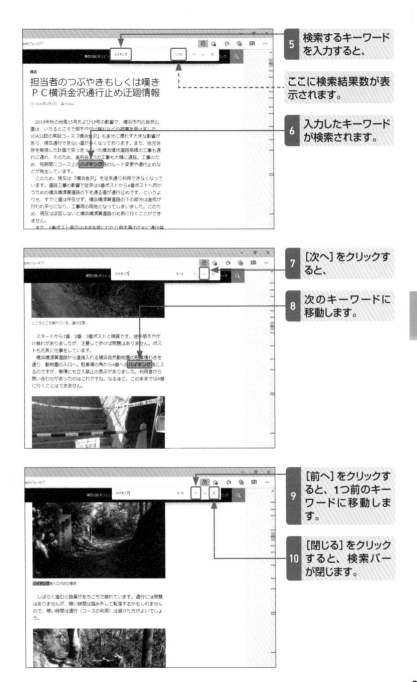

5 検索するキーワードを入力すると、

ここに検索結果数が表示されます。

6 入力したキーワードが検索されます。

7 [次へ]をクリックすると、

8 次のキーワードに移動します。

9 [前へ]をクリックすると、1つ前のキーワードに移動します。

10 [閉じる]をクリックすると、検索バーが閉じます。

雑話

担当者のつぶやきもしくは嘆き
ＰＣ横浜金沢通行止め迂廻情報

2019年秋の台風15号および19号の影響で、横浜市内の自然公園は、いたるところで倒木や土が崩れるなどの被害を受けました。JOA公認の常設コース『横浜金沢』も多分に漏れず大きな影響があり、現在通行できない道が多くなっております。また、地元住民を無視した計画で突っ走っていた横浜環状道路南線の工事も遅れに遅れ、そのため、砂利谷ICの工事も大幅に遅延。工事のため、短期間にコース上の **ハイキング** 路のルート変更や通行止めなどが発生しています。

このため、現在は『横浜金沢』を従来通り利用できなくなっています。道路工事の影響で従来は5番ポストから6番ポストへ向かうための横浜横須賀道路の下を通る迂廻路が通行止めです。というよりも、すでに道は存在せず、横浜横須賀道路の下の部分は造成が行われ平らになり、工事用の用地となってしまいました。このため、現在は迂回しないと横浜横須賀道路の北側に行くことができません。

また、6番ポスト周辺はほぼ全域にわたり倒木等のために通行難

ところどころ崩れている。通行注意。

スタートから1番、2番、3番ポストと順調です。途中倒木やかけ崩れがありましたが、注意して歩けば問題はありません。ポストも元気に仕事をしています。

横浜横須賀道路から直接入れる横浜自然動物園の裏側通りを通り、動物園の入口へ。駐車場の角から4番への **ハイキング** 路に入るのですが、無情にも立入禁止の表示がありました。利用者から問い合わせがあったのはこれですね。なるほど。このままでは4番に行くことはできません。

ハイキング 路入口付近の看板

しばらく進むと路肩があちこちで崩れています。通行には問題はありませんが、暗い時間は踏み外して転落するかもしれませんので、暗い時間は通行（コースの利用）は避けた方がよいでしょう。

Webページを印刷しよう

Webページの情報を手元に残したいときなどは、Webページを印刷します。印刷プレビューで印刷結果を確認し、印刷に使用するプリンターを選択して、用紙の方向や印刷するページ、部数などを指定して、印刷を行います。

① 印刷ページを確認する

1 プリンターの電源をオンにして、用紙をセットしておきます。

2 [設定など] をクリックして、

3 [印刷] をクリックします。

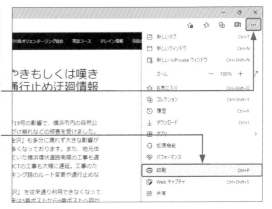

4 印刷プレビューで印刷結果を確認します。

スクロールバーをドラッグすると、現在のページ番号が表示されます。

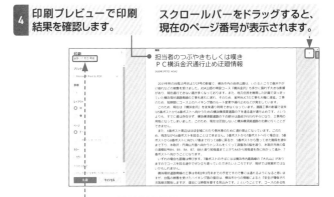

ここに必要な用紙の枚数が表示されます。

② 設定内容を確認して印刷する

1 プリンターをクリックして、使用する
プリンターを指定します。

Memo参照

📖 Memo

印刷の詳細設定

[印刷]画面の[その他の設定]をクリックすると、用紙サイズや拡大／縮小、余白などの詳細設定ができます。

2 必要に応じて、用紙の縦／横、印刷
するページなどを指定します。

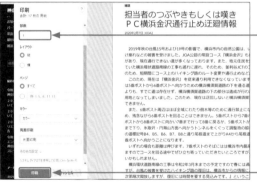

3 ここで印刷部数を
変更できます。

4 [印刷]をクリックすると、印刷が開始されます。

💡 Hint

印刷範囲の指定

Webページ内の一部のページを印刷したい場合は、[ページ]で印刷したいページを指定します。連続したページの場合は「2-4」、連続していないページの場合は「2,5,9」のようにカンマで区切って指定します。

101

ファイルをダウンロードしよう

インターネット上で提供されているアプリやデータなどのファイルを入手するときは、ファイルを提供しているWebページを表示して、ダウンロード用のリンクをクリックし、パソコンのフォルダーに保存します。

1 ファイルをダウンロードする

1 ダウンロードするファイルのあるWebページを表示します。

2 ダウンロード用リンクをクリックすると、

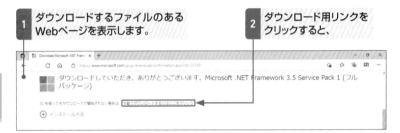

ダウンロードしていただき、ありがとうございます。Microsoft .NET Framework 3.5 Service Pack 1 (フルパッケージ)

30 秒待ってもダウンロードが開始されない場合は ＞ ダウンロードするにはここをクリック

⊕ インストール方法

📖 **Memo**

ダウンロードの手順

操作手順は、ダウンロードするファイルによって異なります。表示される画面の指示に従ってください。

3 自動的にファイルがダウンロードされます。

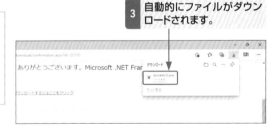

📖 **Memo**

自動的にダウンロードされない場合は

ダウンロードの設定によっては、ファイルのリンクをクリックした際に右の画面が表示される場合があります。既定の保存先フォルダーに保存する場合は ∨ をクリックして [保存] をクリックします。保存先を指定してダウンロードする場合は [名前を付けて保存] をクリックし、保存先を指定します。

1 ここをクリックして、

2 [保存]をクリックします。

第3章 インターネットを利用しよう

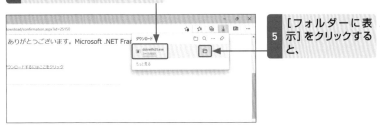

4 ダウンロードしたファイル名に
マウスポインターを合わせて、

5 [フォルダーに表示]をクリックすると、

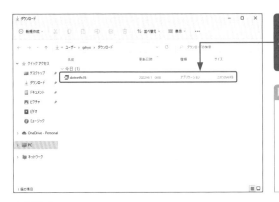

6 保存先のフォルダーが開き、ダウンロードしたファイルが表示されます。

📖 Memo

ファイルの保存先

Webページからダウンロードしたファイルは、既定では[ダウンロード]フォルダーに保存されます。

☀ Hint

ダウンロードの履歴を削除する

ダウンロードしたファイルの履歴を削除するには、手順**5**の画面で[その他のオプション]をクリックして[すべてのダウンロード履歴を消去する]をクリックし、[すべて削除]をクリックします。ダウンロードしたファイルは削除されません。

1 [その他のオプション]を
クリックして、

2 [すべてのダウンロード履歴を
消去する]をクリックし、

3 [すべて削除]をクリックします。

103

圧縮ファイルを展開する

ダウンロードされたファイルの多くはzip形式の「圧縮ファイル」になっています。圧縮ファイルとはファイルのサイズ（容量）を小さくしたり、複数のファイルを1つのコンパクトなファイルにまとめたりしたファイルのことです。

圧縮ファイルを通常のファイル（フォルダー）に戻すことを展開（解凍）といいます。エクスプローラーの［すべて展開］をクリックして展開します。

1 圧縮ファイルをクリックして、　　　**2** ［すべて展開］をクリックします。

3 展開するフォルダーやファイルの保存先を指定し、

ほかの場所に展開する場合は［参照］をクリックして保存先を指定します。

4 ［展開］をクリックすると、

5 圧縮ファイルが展開され、ファイルが表示されます。

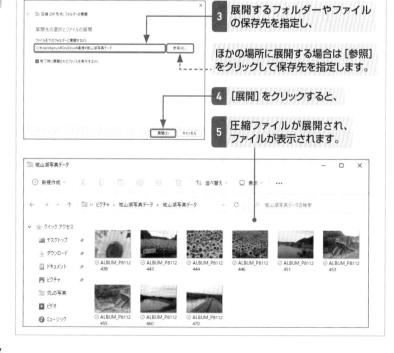

メールを使いこなそう

「メール」アプリを 起動しよう

「メール」アプリは、Windows 11に標準で用意されているメールソフトです。ここでは、Windows 11にMicrosoftアカウントでサインインしている状態で、「メール」アプリを起動します。

① 「メール」アプリを起動する

1 スタートメニューを 表示して、

2 [メール] をクリック すると、

📖 Memo

タスクバーから 起動する

タスクバーに [メール] のアイコンをピン留め している場合は、その アイコンをクリックし ます。

3 「メール」アプリが 起動します。

4 Windows 11に サ インインしている Microsoftアカウン トのメールアドレス が、自動的に設定 されます。

アカウントが設定され ていない場合は、107 ページのHintを参照し てください。

② 受信メールを閲覧する

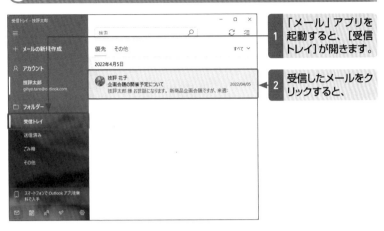

1 「メール」アプリを起動すると、[受信トレイ]が開きます。

2 受信したメールをクリックすると、

3 メールの内容が表示されます。

☀ Hint

メールアカウントを設定する

106ページの手順4でメールアカウントが設定されていない場合は、[アカウント]をクリックして、[アカウントの管理]から[アカウントの追加]をクリックします。[アカウントの追加]画面に表示されているメールアカウントをクリックすると、「メール」アプリに設定されます。
メールアカウントが表示されない場合や、ほかのメールアカウントを追加したい場合は、メールアカウントを追加します（108ページ参照）。

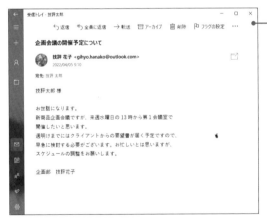

メールアカウントを追加しよう

「メール」アプリで、GoogleやYahoo!などのフリーメールのアカウントやプロバイダーのメールアカウントを使用したい場合は、アカウントを追加します。IMAP形式やPOP形式のメールにも対応しています。

① アカウントを追加する

1 「メール」アプリを起動して（106ページ参照）、

2 [アカウント] をクリックし、

3 [アカウントの追加] をクリックします。

📖 Memo

メールサービスへの対応

「メール」アプリは、Outlook.com、Exchange、Gmail、POPアカウント、IMAP、iCloudなどに対応しています。Gmailなどのメールサービスは、メールアドレス（アカウント）とパスワードを指定するだけで設定ができるものがあります。

4 追加するアカウントの種類（ここでは[詳細設定]）をクリックして、

5 セットアップするアカウントの種類（ここでは［インターネットメール］）をクリックします。

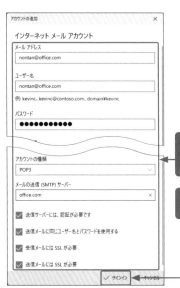

Memo

アカウントの設定

アカウントの種類やメールサーバーの情報などは、プロバイダーなどから提供される情報を参考にします。

6 メールアドレスやユーザー名、メールサーバー情報など、必要な項目を設定して、

7 ［サインイン］をクリックします。

8 ［完了］をクリックすると、

9 アカウントが追加されます。

Memo

アカウントの追加

アカウントは、［設定］画面から追加することもできます。画面左下の［設定］⚙ をクリックして［アカウントの管理］から［アカウントの追加］をクリックすると、手順**4**の画面が表示されます。

「メール」アプリの
画面構成と機能を知ろう

「メール」アプリは、2つのシンプルな画面で構成されています。左のナビゲーションバーは受信メールや送信メールなどの切り替えを行います。右のウィンドウは送受信したメールの一覧や、メールの内容を表示します。

① 「メール」アプリの画面構成

メールの新規作成
メールの新規作成画面を表示します。

メールの検索
メールを検索します。

選択モードを開始する
メールを選択します。

折りたたむ
ナビゲーションバーをアイコン表示にします。

このビューを同期
メールの送受信を手動で行います。

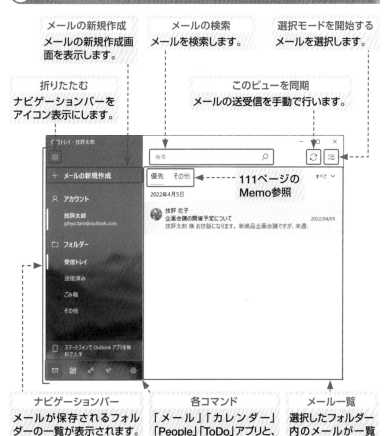

111ページの
Memo参照

ナビゲーションバー
メールが保存されるフォルダーの一覧が表示されます。折りたたむこともできます。

各コマンド
「メール」「カレンダー」「People」「ToDo」アプリと、「設定」画面を表示します。

メール一覧
選択したフォルダー内のメールが一覧表示されます。

110

ナビゲーションバーの展開／折りたたみ

画面のサイズによっては、ナビゲーションバーが折りたたまれ、アイコンのみが表示されます。画面左上をクリックすると展開されます。再度クリックすると折りたたまれます。

展開
ナビゲーションバーを展開します。

メール操作コマンド
メールの返信や転送、削除、移動などを行います。

メールウィンドウ
選択したメールを表示します。

設定
各種設定を行います。

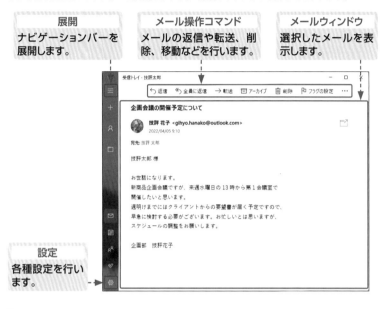

すべてのフォルダーを表示する

[その他]をクリックすると、すべてのフォルダーが表示されます。

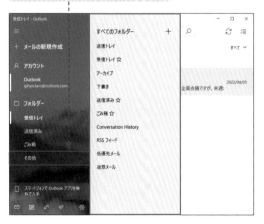

> **Memo**
>
> **[優先]タブと [その他]タブ**
>
> 受信トレイは、[優先]と[その他]の2つのタブに分かれています。ユーザーにとって重要なメールは[優先]に、そのほかのメールは[その他]に振り分けられます。タブをクリックしてメールを確認します。

メールを作成して送信しよう

「メール」アプリの [メールの新規作成] をクリックすると、メールの作成画面が表示されます。送信相手のメールアドレスや件名、メッセージなどを入力してメールを送信します。送信したメールは [送信済み] フォルダーに保存されます。

① メールを作成して送信する

1 「メール」アプリを起動して、

2 [メールの新規作成] をクリックすると、

Memo参照

3 メールの作成画面が表示されます。

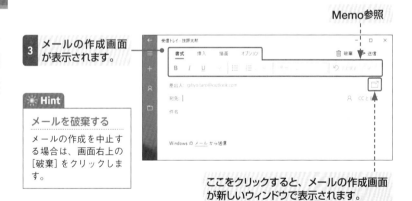

ここをクリックすると、メールの作成画面が新しいウィンドウで表示されます。

☀ Hint

メールを破棄する

メールの作成を中止する場合は、画面右上の [破棄] をクリックします。

🔖 Memo

メッセージに書式を設定する

「メール」アプリでは、メッセージに太字や斜体、段落書式、見出しなどの書式を設定することができます。また、表や画像などを埋め込むこともできます。

4 [宛先] に送信先の メールアドレスを入力して、

5 件名 (メールのタイトル) を入力します。

6 メールのメッセージ (メール本文) を入力して、

7 [送信] をクリックすると、送信されます。

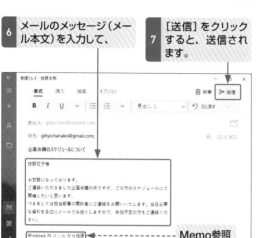

Memo参照

☀ Hint

未送信のメールは?

作成途中でほかの画面に移動したりすると、作成中のメールは [下書き] に保存されます。保存されたメールを開いて作成を続けることもできます。

📖 Memo

「Windowsのメールから送信」とは?

メッセージ欄に表示される「Windowsのメールから送信」は、送信元を示す初期設定の署名で自動的に挿入されます。不要なら削除しましょう。

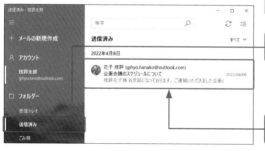

8 [送信済み] をクリックすると、

9 送信したメールが保存されています。

☀ Hint

宛先を候補から選択する

[宛先] にメールアドレスを入力し始めると、送受信した相手や「People」アプリ (124ページ参照) の中から該当する候補が表示されます。目的のアドレスがある場合は、クリックします。

メールに返信しよう／
メールを転送しよう

受信したメールは、メールを送ってきた人に返信したり、ほかの人へ転送したりすることができます。受信メールを表示したウィンドウから [返信] あるいは [転送] をクリックして、メッセージを入力して送信します。

① 受信したメールに返信する

1 [受信トレイ] で返信するメールをクリックします。

2 [返信] をクリックすると、

3 送信用の画面が表示され、送信者のメールアドレスが自動的に入力されます。

4 返信メッセージを入力して、

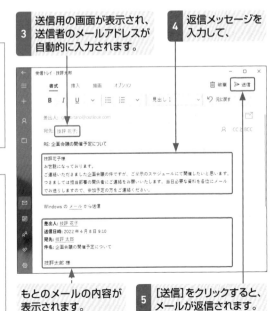

もとのメールの内容が表示されます。

5 [送信] をクリックすると、メールが返信されます。

📓 Memo

件名の「RE:」

返信メールの作成画面では、もとのメールの件名が引用され、先頭に返信メールであることを示す「RE:」が自動的に付きます。

☀ Hint

全員に返信する

届いたメールが複数の人宛の場合、[返信] をクリックするとメールを送ってきた人だけに送信されます。メールが送られた人すべてに返信する場合は、[全員に返信] をクリックします。

② 受信したメールをほかの人に転送する

1 [受信トレイ]で転送するメールをクリックします。

2 [転送]をクリックすると、

3 転送用の画面が表示されます。

4 [宛先]に転送先のメールアドレスを入力して、

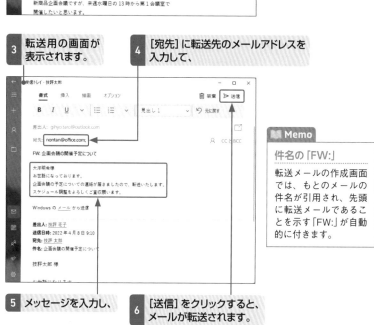

Memo

件名の「FW:」

転送メールの作成画面では、もとのメールの件名が引用され、先頭に転送メールであることを示す「FW:」が自動的に付きます。

5 メッセージを入力し、

6 [送信]をクリックすると、メールが転送されます。

※ Hint

スレッドの表示/非表示

受信したメールに対して返信や転送した場合は、スレッド機能により、1つにまとめられて表示されます。まとめて表示したくない場合は、スレッドマークをクリックして切り替えます。

ここをクリックすると、スレッドの表示/非表示が切り替わります。

115

複数の人に同時に
メールを送信しよう

複数の人に同じ内容のメールを同時に送る場合は、[宛先] に送信先全員のメール
アドレスを入力します。また、宛先の人以外に同じ内容のメールを送信する場合は、
[CC] や [BCC] にメールアドレスを入力して送信します。

① [宛先] に複数の送信先を指定する

1 [メールの新規作成] をクリックします。

2 [宛先] に1人目のメールアドレスを入力して Enter を押し、

3 次の宛先のメールアドレスを入力します。

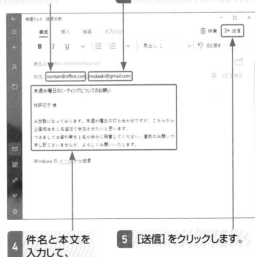

■ Memo

メールアドレスの区切り文字

メールアドレスを入力すると、最後に区切り文字として「;」(セミコロン) が挿入され、続けて次のメールアドレスを入力できます。Enter を押すかわりに ; を押して入力することもできます。

4 件名と本文を入力して、

5 [送信] をクリックします。

② [CC] や [BCC] を使う

1 [メールの新規作成] をクリックします。

2 [CCとBCC] をクリックすると、

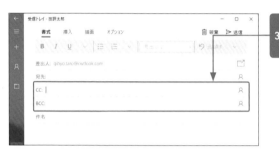

3 [CC] と [BCC] の入力欄が表示されます。

4 [宛先] に送信先のメールアドレスを入力して、

5 [CC] (もしくは [BCC]) に同じメールを送る人のメールアドレスを入力します。

6 件名と本文を入力して、

7 [送信] をクリックします。

🔑 KeyWord

[CC] と [BCC]

[CC] と [BCC] は、本来の宛先とは別に、ほかの人にも同じメールを送信するときに利用する機能です。CCに入力した宛先はほかの受信者にも表示されますが、BCCに入力した宛先はほかの受信者には表示されません。

ファイルを添付して送信しよう

メールではメッセージだけでなく、写真データや文書などのファイルを添付して送信することができます。ファイルを添付する場合は、合計サイズがメールの送信可能容量を超えないように注意する必要があります。

① メールにファイルを添付して送信する

1 [メールの新規作成] をクリックします。

2 メールの送信先を入力して、

3 件名とメッセージを入力します。

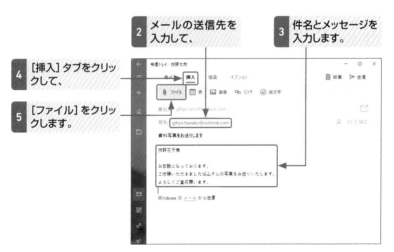

4 [挿入] タブをクリックして、

5 [ファイル] をクリックします。

🔑 KeyWord

添付ファイル

メールといっしょに送信する写真や文書などのファイルを「添付ファイル」といいます。メールに添付できるのは、ファイルもしくは圧縮ファイルです。フォルダーは、そのままでは添付できません。

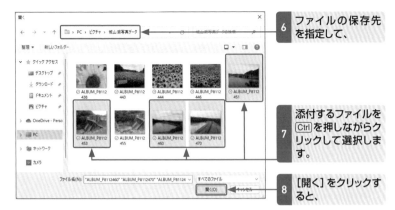

6 ファイルの保存先を指定して、

7 添付するファイルを Ctrl を押しながらクリックして選択します。

8 [開く]をクリックすると、

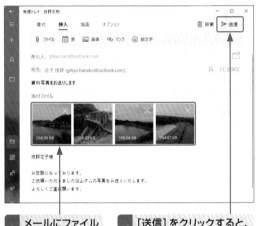

9 メールにファイルが添付されます。

10 [送信]をクリックすると、メールが送信されます。

📘 Memo

添付ファイルの
サイズに注意する

写真を添付する場合、ファイルの容量が大きすぎると、送受信に時間がかかったり、エラーになってしまうことがあります。容量が大きい場合は、ファイルを圧縮して添付するとよいでしょう。

🔼 StepUp

ファイルやフォルダーを圧縮する

サイズの大きなファイルや複数のファイルを添付ファイルで送りたい場合は圧縮します。また、フォルダーも圧縮すれば添付できます。圧縮するには、エクスプローラーでファイルまたはフォルダーをクリックして選択し、[もっと見る]…をクリックして[ZIPファイルに圧縮する]をクリックします。

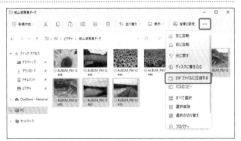

119

添付されてきたファイルを開いてみよう

添付ファイルがある受信メールには、添付ファイルを示すマークが表示されます。
添付ファイルが対応するアプリに関連付けられている場合は、直接開くことができ
ます。また、アプリを指定してファイルを開くこともできます。

① 添付されたファイルを開く

添付ファイルがある場合は、このマークが表示されます。

1 添付ファイルのある受信メールをクリックすると、

2 添付ファイルがサムネイルで表示されます。

3 ファイルを右クリックして、

4 [開く] をクリックします。

☀ Hint

添付ファイルを保存する

添付ファイルを右クリックして、手順**4**で [保存] をクリックすると、[名前を付けて保存]
ダイアログボックスが表示されます。保存先のフォルダーを指定して、[保存] をクリッ
クします。ファイル名はそのままでも、任意の名前に変更してもかまいません。

5 対応するアプリが自動的に起動して、ファイルが開きます。

② アプリを指定してファイルを開く

1 添付ファイルを開くアプリが不明な場合は、このような画面が表示されます。

2 ファイルを開くアプリをクリックして、

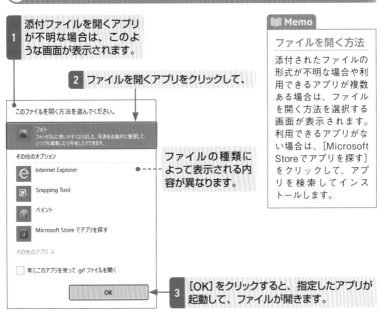

ファイルの種類によって表示される内容が異なります。

3 [OK]をクリックすると、指定したアプリが起動して、ファイルが開きます。

📘 Memo

ファイルを開く方法

添付されたファイルの形式が不明な場合や利用できるアプリが複数ある場合は、ファイルを開く方法を選択する画面が表示されます。利用できるアプリがない場合は、[Microsoft Storeでアプリを探す]をクリックして、アプリを検索してインストールします。

📘 Memo

添付ファイルを開く

添付ファイルに対応するアプリがある場合や、添付ファイルが圧縮されていない場合は、ここで解説した手順で開くことができます。圧縮されているファイルはいったん保存して、展開する必要があります（104ページ参照）。
プログラムファイル (exe) などは、コンピューターウイルスや悪意のあるファイルの可能性があります。知らない相手から届いたメールの添付ファイルは、直接開かないようにしましょう。

迷惑メールを振り分けて削除しよう

「メール」アプリには迷惑メールを自動的に振り分ける機能がありますが、完全ではありません。届いたメールを手動で迷惑メールに指定すると、次回から同じアドレスからのメールは自動的に振り分けられます。

① 迷惑メールを振り分ける

1 [受信トレイ] をクリックして、

2 迷惑メールを右クリックし、

🔎 KeyWord

迷惑メール

一方的に送り付けられてくる広告などのメールを「迷惑メール」といいます。右の手順で迷惑メールに振り分けると、同じアドレスからのメールは自動的に迷惑メールと判断されるようになります。

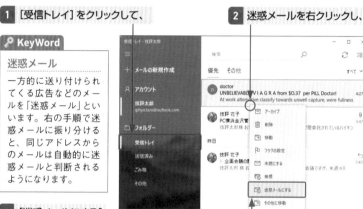

3 [迷惑メールにする]をクリックします。

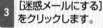

4 [その他] をクリックして、

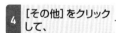

5 [迷惑メール] をクリックすると、

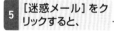

6 メールが [迷惑メール] に移動されます。

② 迷惑メールを削除する

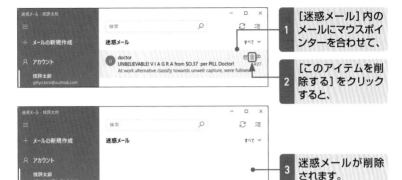

1 [迷惑メール] 内のメールにマウスポインターを合わせて、

2 [このアイテムを削除する] をクリックすると、

3 迷惑メールが削除されます。

Hint

複数のメールを削除する

複数のメールを削除する場合は、[選択モードを開始する] をクリックして選択ボックスを表示し、削除するメールをオンにして [削除] をクリックします。迷惑メールだけでなく、不要になったメールも削除するとよいでしょう。

1 [選択モードを開始する] をクリックして、

2 選択ボックスをオンにし、

3 [削除] をクリックします。

StepUp

振り分けたメールを戻す

誤ってほかのフォルダーに振り分けたメールを戻すには、メールを右クリックして [移動] をクリックし、戻したいフォルダーをクリックします。

1 右クリックして、

2 [移動] をクリックし、

3 移動先をクリックします。

よく使う連絡先を
登録しよう

「メール」アプリで新規にメールを作成する場合は、「People」アプリを利用すると便利です。「People」アプリには氏名やメールアドレス、電話番号などの連絡先を登録することができ、直接メールを作成することができます。

① 「People」アプリに連絡先を登録する

1 「メール」アプリを起動して、

2 [連絡先に切り替える] をクリックします。

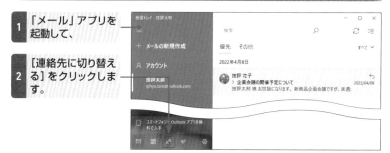

3 [+] をクリックして、

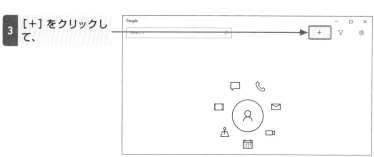

第4章 メールを使いこなそう

📖 Memo

初めて起動した場合は

「People」アプリを初めて起動した場合は、「カレンダー」アプリへのアクセス許可と、「People」アプリからのメール送信許可の確認画面が表示されます。許可する場合は「はい」を、しない場合は「いいえ」をクリックします。

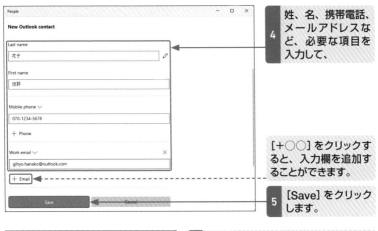

姓、名、携帯電話、メールアドレスなど、必要な項目を入力して、 **4**

[+○○] をクリックすると、入力欄を追加することができます。

[Save] をクリックします。 **5**

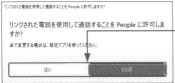

アクセス許可のメッセージが表示されるので、[はい] または [いいえ] をクリックすると、 **6**

電話番号を入力していない場合は、このメッセージは表示されません。

連絡先が登録されます。 **7**

ここをクリックすると、 **8**

一覧表示画面に戻ります。 **9**

125

② 連絡先からメールを送信する

「People」アプリを起動しています。

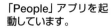

1 メールを送信する相手をクリックして、

2 [Email] をクリックします。

3 「メール」アプリが開き、[宛先]に連絡先が入力された状態でメールの作成画面が表示されます。

☀ Hint

連絡先を削除する

連絡先を削除するには、削除する相手を右クリックして、[Delete] をクリックし、表示される確認画面で [Delete] をクリックします。なお、登録した内容を変更する場合は [Edit] をクリックします。

アプリで写真や動画を
楽しもう

スマートフォンの写真を
パソコンに取り込もう

スマートフォンで撮影した写真をパソコンに取り込むには、スマートフォンとパソコンをUSBケーブルで接続し、スマートフォン内の写真フォルダーを開いて、パソコンのフォルダーにコピーまたは移動します。

① スマートフォンから写真を取り込む

1 スマートフォンとパソコンをUSBケーブルで接続します。

2 スマートフォンで [このデバイスをUSBで充電中] → [ファイル転送／ Android Auto] をタップします。

📖 Memo

iPhoneの場合

iPhoneの場合は、手順**2**で「このデバイスに写真やビデオへのアクセスを許可しますか？」と表示されるので、[許可] をタップします。

3 通知メッセージが表示されるのでクリックし、

4 [デバイスを開いてファイルを表示する] をクリックします。

🔆 Hint

通知メッセージが表示されない場合

手順**3**の通知メッセージが表示されない場合は、エクスプローラーを開いてスマートフォンをクリックし、手順**5**からの操作を行います。

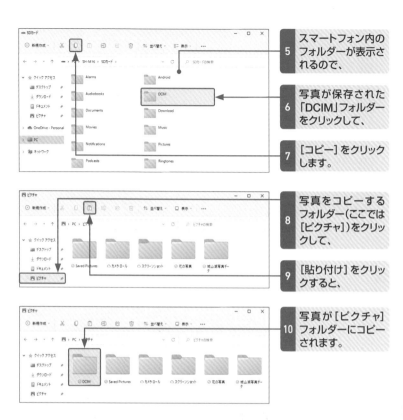

5 スマートフォン内の
フォルダーが表示されるので、

6 写真が保存された
「DCIM」フォルダー
をクリックして、

7 [コピー] をクリック
します。

8 写真をコピーする
フォルダー(ここでは
[ピクチャ])をクリックして、

9 [貼り付け] をクリックすると、

10 写真が [ピクチャ]
フォルダーにコピー
されます。

11 フォルダーを開くと、写真が取り込まれているのが確認できます。

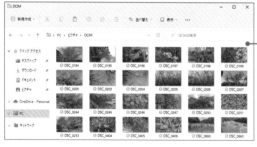

☀ Hint

デジタルカメラからの取り込み

デジタルカメラなどで撮影した写真やビデオをパソコンに取り込む場合は、USBケーブルで接続する方法と、記録用のメモリーカードを取り出してパソコンに接続する方法があります。いずれの場合もパソコンに接続すると手順**3**の通知メッセージが表示されるので、同様に操作して取り込みます。

写真をスライドショーで見てみよう

パソコンに取り込んだ写真は、「フォト」アプリで一覧表示にしたり、個別に表示して拡大したりして見ることができます。また、写真を一定時間間隔で自動的に表示するスライドショーを実行することもできます。

① パソコンに取り込んだ写真を確認する

1 スタートメニューを表示して、

2 [フォト] をクリックすると、

3 「フォト」アプリが起動し、撮影日時の新しい順に写真が一覧で表示されます。

4 写真をクリックすると、

📖 Memo

OneDriveにサインインする

初めて「フォト」アプリを起動したときに、OneDriveにサインインをするかどうかの確認画面が表示されることがあります。「フォト」アプリでOneDriveに保存されている写真を表示したい場合は [サインイン] をクリックして、OneDriveにサインインします。OneDriveについては、172ページを参照してください。

5 写真が大きく表示
されます。

Memo

写真の表示

マウスポインターを写
真の左または右に移動
すると、< や >が表
示されます。クリック
すると、前または次の
写真が表示されます。

Memo参照　ここをクリックすると、写真の
一覧表示に戻ります。

② スライドショーを実行する

1 [もっと見る]をク
リックして、

2 [スライドショー]を
クリックすると、

3 スライドショーが始
まります。

4 画面内をクリックす
るとスライドショー
が終了します。

Memo

フォルダーの追加

「フォト」アプリには[ピクチャ]フォルダー
にある写真が表示されます。パソコンに取
り込んだ写真が表示されていない場合は、
画面上の[フォルダー]から[フォルダーの
追加]をクリックして、写真のフォルダー
を選択し、[ピクチャにこのフォルダーを
追加]をクリックして追加します。

写真を回転／修整してみよう

「フォト」アプリでは、写真の回転やトリミング（画像の切り出し）、明るさやコントラストなどの調整が行えます。また、写真の見た目を変化させるフィルター効果を設定できます。調整した写真は、コピーを保存します。

① 横向きの写真を回転して縦にする

1 「フォト」アプリで、横向きの写真を表示します。

2 [回転] をクリックすると、

📖 Memo

写真の回転

[回転] をクリックするたびに、右方向へ90度回転します。逆方向に回転した場合は、何度かクリックして目的の向きにします。

3 画像が回転して縦方向に表示されます。

🔥 StepUp

傾きの調整

133ページの手順**3**の [トリミングと回転] 画面でも回転できます。また、[傾きの調整] をドラッグすると、写真の傾きを調整できます。

② 写真をトリミングする

1 トリミングをしたい写真を表示して、

2 [画像の編集]をクリックします。

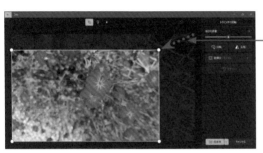

3 四隅のハンドル○をドラッグして、不要な部分を隠します。

4 写真をドラッグして位置を調整すると、

🔑 KeyWord

トリミング

写真の不要な部分を隠す機能をトリミングといいます。トリミングしても、写真のデータ自体はもとのままです。トリミングや調整したあとの写真を保存する方法については、135ページを参照してください。

5 写真がトリミングされます。

③ 写真の明るさや色を調整する

1 修正したい写真を表示して、[画像の編集]をクリックします（133ページ参照）。

2 [調整]をクリックすると、

3 調整画面が表示されます。

4 プレビューを見ながら、これらをドラッグすると、

☀ Hint

修整を取り消す

写真を修整したあとで、修整を取り消したい場合は、[キャンセル]をクリックします。保存するまでは、もとに戻せます。

5 明るさや色が調整されます。

☀ Hint

写真の補正

明るさや色のほか、フィルター機能を使っても写真の補正ができます。手順2で[フィルター]をクリックして、[写真の補正]の中央をドラッグするか、[フィルターの選択]から目的の写真を選択します。また、[フィルターの強度]のスライドを左右に動かすことで、強度の調整ができます。

④ 修整した写真を保存する

コピーを保存する

1 修整した写真をもとの写真とは別に保存したい場合は、[コピーを保存] をクリックします。

📓 Memo

修整後の写真の保存方法

トリミングや調整した写真を保存するには、もとの写真を残して保存するコピー保存と、上書き保存を選択できます。コピー保存を選択した場合は、もとのファイルと同じフォルダーにコピーが保存されます。

2 コピーとして保存され、

DSC_0198 (2)JPG

3 ファイル名に「(2)」が付いて保存されます。

上書き保存する

1 修整した写真に置き換えたい場合は、 をクリックして、

2 [保存] をクリックすると、

3 上書き保存されます。

写真をデスクトップや
ロック画面の背景にしよう

初期設定では、デスクトップやロック画面の背景は、あらかじめ用意されたものが
自動的に設定されますが、好みの写真に変更することもできます。通常は「設定」
アプリで変更しますが、「フォト」アプリでも設定できます。

① 写真をデスクトップの背景に設定する

1 「フォト」アプリで、デスクトップの背景にしたい写真を表示します。

2 [もっと見る]をクリックして、

3 [設定]にマウスポインターを合わせ、

4 [背景として設定]をクリックすると、

5 デスクトップの背景の写真が変更されます。

② 写真をロック画面に設定する

1 ロック画面に設定したい写真を表示します。

2 [もっと見る] をクリックして、

3 [設定] にマウスポインターを合わせ、

4 [ロック画面に設定] をクリックすると、

9:00
4月1日 (金)

5 ロック画面の写真が変更されます。

☀ Hint

背景をもとに戻す

背景やロック画面をもとの写真に戻したい場合は、Windows 11の「設定」アプリで [個人用設定] をクリックし、[ロック画面] や [背景] から写真を指定します。「設定」アプリについては、192ページを参照してください。

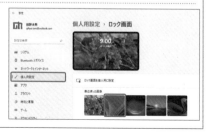

第5章 アプリで写真や動画を楽しもう

お気に入りの写真を
印刷しよう

パソコンに取り込んだ写真を印刷するときも、「フォト」アプリを利用できます。印刷したい写真を表示して、[印刷] をクリックし、印刷に使用するプリンターや用紙サイズの選択など必要な設定を行い、印刷を実行します。

① 写真を印刷する

1 「フォト」アプリで、印刷したい写真をクリックします。

2 [もっと見る] をクリックして、　　　　　　　　**3** [印刷] をクリックします。

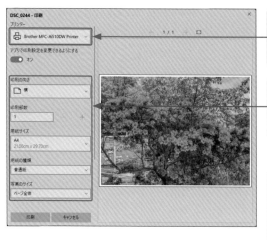

4 ここをクリックして、印刷に使用するプリンターを指定します。

5 印刷の向きや印刷部数、用紙の種類、写真のサイズなどを設定して、

🔖 Memo

印刷画面

印刷画面は、使用するプリンターによって表示内容が異なります。設定方法はプリンターの説明書などを参考にしてください。

Hint参照

6 [印刷] をクリックすると、印刷が開始されます。

☀ Hint

その他の設定

印刷画面の [その他の設定] をクリックすると、印刷の向きや両面印刷、カラーモードなどを設定する詳細設定の画面が表示されます。この画面もプリンターによって表示内容が異なります。

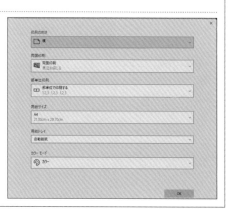

写真をUSBメモリーに保存しよう

大量の写真をパソコンに取り込むと、パソコンの容量がいっぱいになってしまいます。このようなときはUSBメモリーなどのメディアに保存します。また、写真データをほかの人に渡したいときなどにも、USBメモリーは便利です。

① 写真をUSBメモリーに保存する

1 USBメモリーをパソコンに接続します。

2 エクスプローラーを開いて、写真が保存されているフォルダーを開きます。

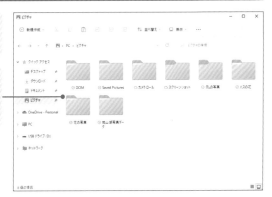

3 USBメモリーに保存したいフォルダーをクリックして、

🔑 KeyWord

USBメモリー

パソコンのUSB端子に取り付ける小型の記憶装置で、USBフラッシュメモリーとも呼ばれます。小型でも大容量の記憶容量があるため、写真や動画のバックアップに使われることがあります。

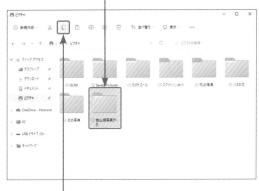

4 [コピー] をクリックします。

5 USBドライブをクリックして、USBメモリーを開き、

6 [貼り付け]をクリックすると、

7 USBメモリーに写真がコピーされます。

📖 Memo

写真を移動する

フォルダーを保存する際に[切り取り] ✂️ をクリックすると、保存しているフォルダーから削除され、USBメモリーだけに保存されます。パソコンの容量が不足する場合などはコピーではなく、移動するとよいでしょう。

8 コピーしたフォルダーをクリックすると、

9 フォルダー内の写真を確認できます。

📖 Memo

メディアの自動再生

USBメモリーをパソコンに接続すると、自動再生のメッセージが表示されることがあります。メッセージをクリックして、[フォルダーを開いてファイルを表示]をクリックすると、次回USBメモリーを接続したときは、自動的にエクスプローラーが開いてフォルダーが表示されます。

第5章 アプリで写真や動画を楽しもう

141

■■ Memo

写真をDVDメディアに保存する

DVDに写真を保存するには、エクスプローラーを開き、以下の手順で操作します。なお、ディスクの書き込み方法には、[USBフラッシュドライブと同じように使用する] と [CD／DVDプレーヤーで使用する] があります。

前者の場合は、書き込み後に写真や動画を追加したり、削除したりすることができますが、家庭用DVDプレーヤーで再生できない場合があります。後者の場合は、追記したり削除したりすることはできませんが、写真や動画の再生に対応した家庭用DVDプレーヤーで再生可能です。

> **1** 空のDVDをパソコンや外付けのドライブに挿入し、通知メッセージが表示された場合は、[ファイルをディスクに書き込む] をクリックします。

> **2** DVDに書き込むフォルダーをクリックして、

> **3** [もっと見る] をクリックし、

> **4** [ディスクに書き込む] をクリックします。

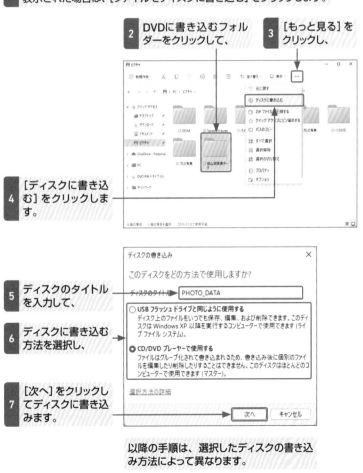

> **5** ディスクのタイトルを入力して、

> **6** ディスクに書き込む方法を選択し、

> **7** [次へ] をクリックしてディスクに書き込みます。

> 以降の手順は、選択したディスクの書き込み方法によって異なります。

▶▶ 第 6 章 ◀◀

生活を便利にする
アプリやサービスを使おう

ニュースを見よう

Windows 11で最新のニュースを見るには、ウィジェットを使うと便利です。ウィジェットに表示するニュースは自由にカスタマイズすることができます。また、興味のないニュースを表示しないようにすることもできます。

① ウィジェットを表示する

1 タスクバーの [ウィジェット] をクリックすると、

🔎 KeyWord

ウィジェット

ウィジェットは、天気予報やニュース、株価やスポーツなどの最新情報をすばやくチェックできるツールです。

2 ウィジェットが表示されます。

☀️ Hint

ウィジェットの表示

■ (Windows) を押しながら W を押しても、ウィジェットを表示させることができます。

☀️ Hint

「ニュース」アプリでニュースを見る

ニュースは「ニュース」アプリで見ることもできます。スタートメニューやアプリの一覧を表示して [ニュース] をクリックすると、「ニュース」アプリが起動します。

② ニュースを見る

1 ウィジェットを表示して、

2 [ニュースを読む]をクリックするか、画面をスクロールすると、

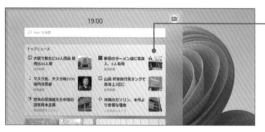

3 ニュースが表示されます。

トップニュースには注目を集めているニュースが表示されます。

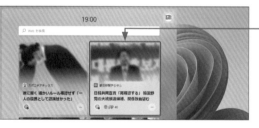

4 画面をスクロールして、読みたいニュースをクリックすると、

📖 Memo

ウィジェットの情報

ウィジェットで表示されるニュースや天気予報、株価情報などは、「Microsoft Start」で提供されているものです。

5 Webブラウザーが起動して、ニュースが表示されます。

③ ニュースをカスタマイズする

1 ウィジェットを表示して、

2 いずれかのニュースにある [もっと見る] をクリックし、

- ☼ このような記事を増やす
- ♡ このような記事を減らす
- 🚫 読売新聞からの記事を非表示
- 🔧 パーソナライズ設定
- 🔖 後で読む
- ⚑ 問題を報告する

3 [パーソナライズ設定] をクリックします。

4 [ニュース] をクリックして、

5 表示させたいニュースをクリックして選択します。

📘 Memo

興味のないニュースを非表示にする

興味のないニュースを表示させないようにすることもできます。ニュースにマウスポインターを合わせ、[この記事を表示しない] をクリックして、非表示にする理由をクリックします。[フィードを更新] をクリックすると、選択した記事や同様の内容の記事が表示されなくなります。

この記事を表示しない

④ ニュースをあとで読む

1 あとで読みたいニュースの[もっと見る]をクリックして、

2 [後で読む]をクリックすると、

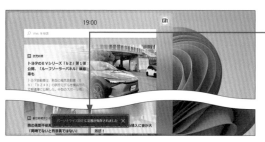

3 [パーソナライズ設定]に記事が保存されます。

4 [パーソナライズ設定]を表示して（146ページ参照）、

5 [保存した記事]をクリックすると、

6 保存した記事が表示され、クリックすると読むことができます。

☀ Hint

保存した記事を削除する

保存した記事を削除するには、[保存した記事]を表示して、[保存を取り消し]をクリックします。

保存を取り消し ------------➤

「マップ」アプリを
利用しよう

「マップ」アプリを使うと、目的の場所を地名や駅名などを使って検索し、地図を表示することができます。また、地図の表示方法を切り替えて航空写真表示にしたり、ドラッグして任意の場所を表示したりすることもできます。

① 目的地の地図を検索する

1 52ページの方法で「マップ」アプリを起動します。

2 検索ボックスをクリックして、

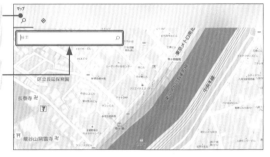

3 目的の場所を入力します。

4 [Enter]を押すか、ここをクリックすると、

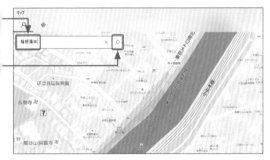

📑 Memo

位置情報を使用する

初めて「マップ」アプリを起動すると、位置情報にアクセスするかどうかの確認画面が表示されます。[はい]をクリックすると、現在地を表示できるようになります。

5 検索結果が表示され、

6 検索した場所の地図が表示されます。

② 地図の表示方式を変更する

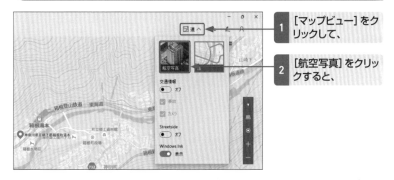

1 [マップビュー] をクリックして、

2 [航空写真] をクリックすると、

3 地図の表示が航空写真に切り替わります。

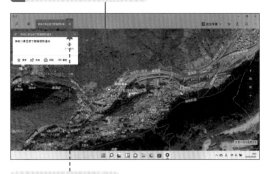

☀ Hint

地図の拡大・縮小・移動

地図の右端にある ➕ をクリックすると地図が拡大され、➖ をクリックすると縮小されます。地図上をドラッグすると地図が移動します。

ここをクリックすると、検索画面が閉じます。

「マップ」アプリで
目的地までの経路を調べよう

「マップ」アプリでは、出発地と目的地を指定してルートを検索することができます。
また、移動手段を指定することができるので、目的に応じたルートを検索できます。
位置情報を有効にしている場合は、現在地からの検索も可能です。

① ルートを検索する

1 「マップ」アプリを
起動して、目的地
を入力し、

2 [Enter]を押すか、こ
こをクリックすると、

3 目的地が検索され
ます。

4 [ルート案内] をク
リックして、

✦ Hint

[現在地] を指定する

[マップ] アプリが位置情報の利用を許可している場合は、出発
地を指定する代わりに現在地を利用してルート検索をすること
ができます。出発地の入力ボックスをクリックして、[現在地]
をクリックします。

5 [車]、[路線]、[徒歩]のいずれか（ここでは[車]）をクリックして指定し、

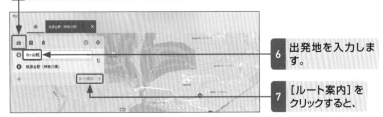

6 出発地を入力します。

7 [ルート案内]をクリックすると、

8 目的地までの時間と経路が検索されます。

9 地図上にはルートが表示されます。

[印刷]をクリックすると、ルートを印刷することができます。

☀ Hint

ルートのオプションの設定

ルート案内画面の[ルートのオプション]をクリックすると、有料道路、高速道路など、回避する項目を指定することができます。オプションの内容は、指定する移動手段によって異なります。

「カレンダー」アプリで
予定を管理しよう

「カレンダー」アプリは、パソコンで管理できるスケジュール帳です。予定日を指定して予定内容を入力するだけで、予定を管理できます。予定の開始時間が近づいたことを知らせてくれるアラーム機能もあります。

① カレンダーに予定を登録する

1 52ページの方法で「カレンダー」アプリを起動して、

2 予定を登録する日付けをクリックします。

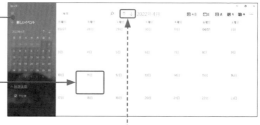

ここでカレンダーの月を移動できます。

3 ウィンドウが表示されるので、予定のタイトルを入力します。

☀ Hint

カレンダーの表示形式

カレンダーの表示形式は、今日、日、週、月、年の5種類が用意されています。初期設定では月単位で表示されます。

これらをクリックして、表示形式を切り替えます。

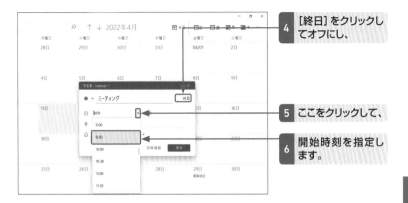

4 [終日]をクリックしてオフにし、

5 ここをクリックして、

6 開始時刻を指定します。

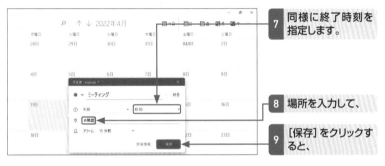

7 同様に終了時刻を指定します。

8 場所を入力して、

9 [保存]をクリックすると、

10 予定が登録されます。

📖 Memo

アラームの通知

予定の開始時間が近づいたことを知らせてくれる機能を「アラーム」といい、設定した時間に通知メッセージが表示されます。初期設定では15分前に設定されています。再度通知してほしいときは、時間を指定して[再通知]をクリックします。

② 複数日にわたる予定を登録する

1 「カレンダー」アプリを起動して、

2 [新しいイベント] をクリックします。

3 予定の詳細画面が表示されるので、タイトルを入力して、

4 場所を入力します。

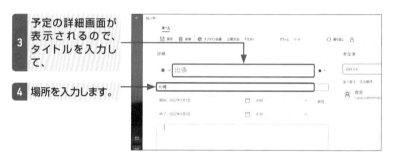

5 ここをクリックして、

6 開始日を指定します。

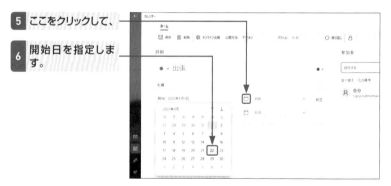

☀ Hint

同じ日にほかの予定を登録する

すでに予定を登録している日に別の予定を追加するには、登録する日付をクリックして、[新しいイベント] をクリックし、登録します。

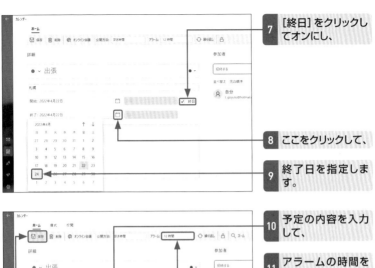

7 [終日]をクリックしてオンにし、

8 ここをクリックして、

9 終了日を指定します。

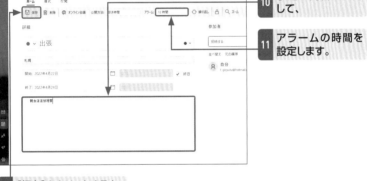

10 予定の内容を入力して、

11 アラームの時間を設定します。

12 [保存]をクリックすると、

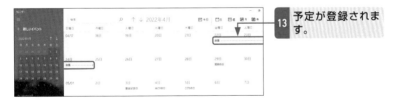

13 予定が登録されます。

☀ Hint

登録した予定を変更する

登録した予定を変更する場合は、予定にマウスポインターを合わせて、[イベントの表示]をクリックします。詳細画面が表示されるので、変更して[保存]をクリックします。

第6章 生活を便利にするアプリやサービスを使おう

155

「チャット」アプリを利用しよう

Windows 11でチャットを利用するには、Microsoftのコミュニケーションアプリ「Teams (チームズ)」のチャット機能を使用します。タスクバーの [チャット] をクリックすると、チャットや会議を始めることができます。

① 「チャット」アプリを起動する/終了する

「チャット」アプリを初めて使用するときは、画面の指示に従って必要な設定を行います。

1 タスクバーの [チャット] をクリックして、

2 [使い始める] をクリックします。

3 ここをクリックしてオンにし、

友人や家族と顔を合わせたりチャットをしたりできます

Microsoft Teams を使用して、大事な人たちといつでも連絡を取り合うことができます。

使い始める

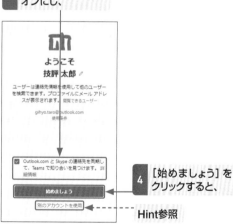

ようこそ
技評 太郎

ユーザーは連絡先情報を使用して他のユーザーを検索できます。プロファイルにメール アドレスが表示されます。閲覧できるユーザー

gihyo.taro@outlook.com
使用条件

☑ Outlook.com と Skype の連絡先を同期して、Teams で知り合いを見つけます。詳細情報

4 [始めましょう] をクリックすると、

始めましょう

別のアカウントを使用

Hint参照

※ Hint

別のアカウントを使用する

チャットで使用するアカウントを変更する場合は、手順3の画面で [別のアカウントを使用] をクリックし、使用したいMicrosoftアカウントでサインインします。

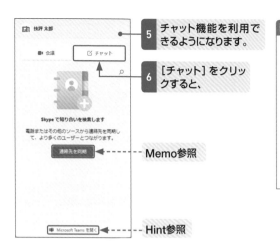

5 チャット機能を利用できるようになります。

6 [チャット]をクリックすると、

Memo参照

Hint参照

🗒 Memo

連絡先を同期する

スマートフォンに保存されている連絡先と同期するには、手順**5**の画面で[連絡先を同期]をクリックします。スマートフォンにTeamsアプリをインストールし、Peapleで連絡先の同期を有効にする必要があります。

7 [新しいチャット]画面が表示されます。

8 [閉じる]をクリックすると、画面が閉じます。

💫 StepUp

会議を開始する

手順**5**の画面で[会議]をクリックすると、Webカメラとマイクを使用したビデオ会議を行うことができます。

🔆 Hint

Teamsのすべての機能を使用する

手順**5**の画面で[Microsoft Teamsを開く]をクリックすると、Teamsのすべての機能を使用することができます。ただし、使用できるのは個人向けの機能です。

「チャット」アプリで
メッセージをやり取りしよう

「チャット」アプリを使用してメッセージをやり取りするには、送信相手を指定し、メッセージを入力して送信します。初めての相手とメッセージのやり取りをする場合は、相手の許可が必要です。

第6章 生活を便利にするアプリやサービスを使おう

① 「チャット」アプリでメッセージをやり取りする

1 タスクバーの[チャット]をクリックして、「チャット」アプリを起動します。

2 [チャット]をクリックして、

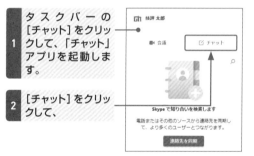

3 メッセージを送信する相手のMicrosoftアカウントを入力します。

送信相手が表示された場合はクリックします。

☀ Hint

3人以上でチャットを行うには？

3人以上でチャットを行う場合は、手順**3**で続けて相手のMicrosofアカウントを入力します。チャットの途中でほかの人を追加したい場合は画面右上の[ユーザーの追加] 🗟 をクリックして、Microsoftアカウントを入力します。

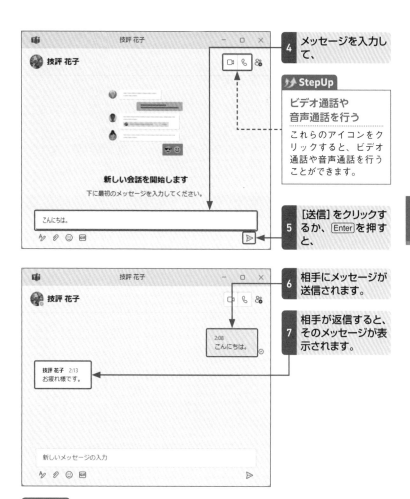

4 メッセージを入力して、

>> StepUp

ビデオ通話や音声通話を行う

これらのアイコンをクリックすると、ビデオ通話や音声通話を行うことができます。

5 [送信]をクリックするか、Enterを押すと、

6 相手にメッセージが送信されます。

7 相手が返信すると、そのメッセージが表示されます。

📖 Memo

初めての場合は許可が必要

チャットは、Microsoftアカウントを利用しているすべてのユーザーと行うことができますが、初めてメッセージのやり取りをする場合は、相手の許可が必要です。もしも知らない人からメッセージが届いた場合は[ブロック]をクリックしましょう。[メッセージのプレビュー]をクリックすると、メッセージを確認できます。

159

画面を画像として
保存しよう

画面に表示されたメッセージや、「マップ」アプリで検索したルートなどを画像で
保存する場合は、「Snipping Tool」アプリを使用します。表示された画面全体や
一部分を画像データとして保存することができます。

① 「Snipping Tool」アプリを起動する

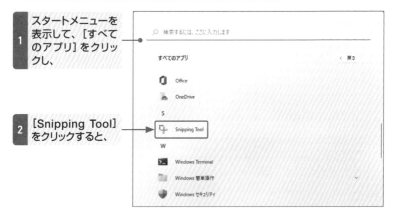

1 スタートメニューを表示して、[すべてのアプリ] をクリックし、

2 [Snipping Tool] をクリックすると、

3 「Snipping Tool」アプリが起動します。

☀ Hint

取り込み範囲を変更する

「Snipping Tool」アプリの初期設定では、取り込み範囲
が [四角形モード] に設定されています。取り込み範囲
を変更するには [四角形モード] をクリックして、モー
ドを選択します。

② 画面を切り取って保存する

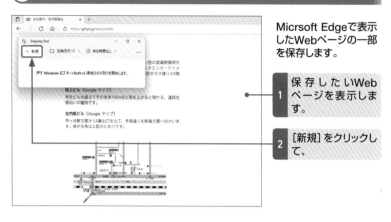

Micrsoft Edgeで表示したWebページの一部を保存します。

1 保存したいWebページを表示します。

2 [新規]をクリックして、

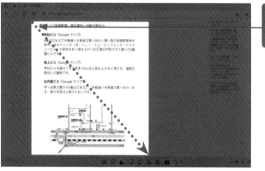

3 画像として保存したい範囲を対角線上にドラッグすると、

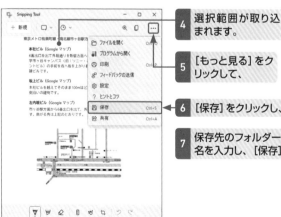

4 選択範囲が取り込まれます。

5 [もっと見る]をクリックして、

6 [保存]をクリックし、

7 保存先のフォルダーを指定してファイル名を入力し、[保存]をクリックします。

161

PDFを閲覧して
注釈を加えてみよう

Microsoft Edgeでは、WebページからダウンロードしたPDFファイルを表示して、メモを書き込んだり、強調表示をしたりすることができます。書き込んだPDFファイルは保存することができます。

① PDFファイルをダウンロードする

1 Webページ内のPDFファイルのリンクをクリックすると、

🔑 KeyWord

PDF

PDFはアドビシステムズ社が開発した電子文書の規格の1つです。文書の書式設定やレイアウトを崩さずに保存できるので、OSの種類に依存せずに、同じ見た目で文書を表示できます。

Hint参照

2 PDFファイルが表示されます。

📓 Memo

PDFファイルの表示

通常、PDFファイルはAdobe Reader DCで開きますが、Microsoft Edgeでも開くことができます。

☀ Hint

ツールバーの表示

PDFファイルを表示すると、自動的にツールバーが表示されます。ツールバーには、拡大／縮小／回転／全画面表示などのページ表示に関連するコマンドや、音声読み上げ、手描き、保存などのコマンドが用意されています。なお、セキュリティが設定されているPDFでは、書き込みが利用できないものもあります。

② 手描きで注釈を書き込む

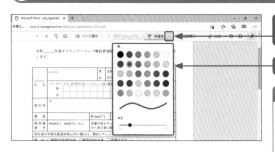

1 [手描き]のここを
クリックして、

2 色や太さを指定し、

☀ Hint

強調表示を利用する

強調表示は、文字を蛍光ペンで目立つように色付けする機能です。[強調表示]をクリックしてドラッグすると、指定した色で強調表示されます。

3 デジタルペンやマウスで手描きします。

4 書き込みを消したい場合は、[消去]をクリックして、

5 描いた部分をドラッグします。

📓 Memo

デジタルペンで手描きする

タッチパネル対応のディスプレイの場合は、[タッチして描画する]をクリックしてオンにする必要があります。タッチパネル非対応の場合は、マウスをドラッグして描きます。

📓 Memo

書き込みをしたページを保存する

注釈を書き込んだり強調表示をしたりしたPDFを保存するには、[上書き保存]をクリックして、保存先のフォルダーとファイル名を指定し、[保存]をクリックします。

上書き保存

アプリをインストールしよう

Windows 11にアプリを追加したいときは、「Microsoft Store」で使用したいアプリを検索し、ダウンロードとインストールを行います。アプリは種類ごとに分類され、評価やレビューを参考に選ぶことができます。

① 「Microsoft Store」を起動してアプリを検索する

1 タスクバーの [Microsoft Store] をクリックすると、

2 「Microsoft Store」が起動します。

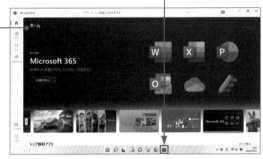

3 検索ボックスにアプリ名などのキーワードを入力して、

4 [Enter] を押すか、ここをクリックすると、

5 キーワードに関連したアプリが一覧表示されます。

② アプリをインストールする

1 アプリの検索結果からインストールしたいアプリをクリックします。

2 アプリの説明やレビューなどを確認して、

3 [インストール]をクリックすると、

4 ダウンロードとインストールが始まります。

5 インストールが完了すると、表示が「インストール済み」に変わります。

📖 Memo

[ユーザーアカウント制御] 画面

インストールやアンインストールなどの作業を行う際、[ユーザーアカウント制御]画面が表示されることがあります。この画面はユーザーが意図していない操作が行われることを防ぐためのセキュリティ機能です。そのままインストール(またはアンインストール)しても問題ない場合は [はい] をクリックします。

③ アプリをアンインストールする

1 スタートメニューから [設定] をクリックします。

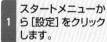

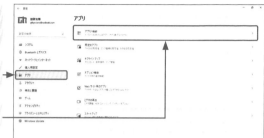

2 [アプリ] をクリックして、

3 [アプリと機能] をクリックします。

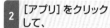

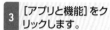

4 削除したいアプリの [もっと見る] をクリックして、

5 [アンインストール] をクリックし、

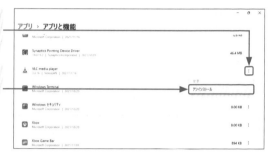

6 [アンインストール] をクリックします。

7 画面の指示に従って操作すると、アプリがアンインストールされます。

☀ Hint

そのほかのアンインストール方法

スタートメニューやアプリの一覧を表示して、削除したいアプリを右クリックし、[アンインストール] をクリックしても、アンインストールすることができます。

④ アプリを確認／更新する

1 「Microsoft Store」アプリを起動して、

2 [ライブラリ]をクリックし、

3 [アプリ]をクリックします。

4 [更新プログラムを取得する]をクリックすると、

Memo

アプリを更新する

「更新プログラムが利用可能です」と表示されているアプリがある場合は、[更新]をクリックして、そのアプリだけを更新することもできます。

5 アプリの更新が実行され、すべてのアプリが更新されます。

⚡ Hint

Microsoft製品の更新プログラムを受け取る

Microsoft 365などのMicrosoftのアプリの更新は、Windows Updateで行うことができます。[スタート]→[設定]→[Windows Update]→[詳細オプション]とクリックして、[その他のMicrosoft製品の更新プログラムを受け取る]をオンにします。

音声入力機能を使って
文字を入力しよう

Windows 11では、音声入力機能を利用して、キーボードの代わりに、音声で文字を入力することができます。音声入力では、文脈から適切な漢字変換が自動的に行われます。句読点を自動的に入力することもできます。

① 音声入力で文字を入力する

1 文字を入力する位置にカーソルを移動して、

2 ⊞(Windows)＋Ｈを押すと、音声入力が開始されます。

3 パソコンのマイクに向かって話しかけると、

4 話した内容が文字として入力されます。

5 マイクのアイコンをクリックすると、

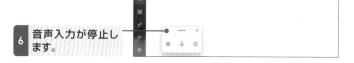

6 音声入力が停止します。

② 音声入力の設定を変更する

1 音声入力の [設定] をクリックして、

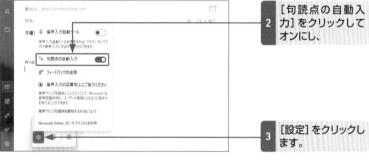

2 [句読点の自動入力] をクリックしてオンにし、

3 [設定] をクリックします。

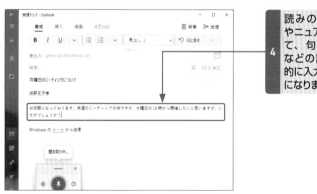

4 読みのタイミングやニュアンスによって、句読点や「?」などの記号が自動的に入力されるようになります。

◼ Memo

音声入力を停止する/開始する

音声入力を停止したり開始したりするには、■ (Windows) +Ⓗを押すか、マイクのアイコンをクリックします。音声入力を終了するには、[閉じる] ✕ をクリックします。

169

クリップボード履歴を活用しよう

コピーした文字列や画像などは自動的にクリップボードに保存され、必要なときにはいつでも指定の場所に貼り付けることができます。また、よく利用するものをピン留めしておくこともできます。Windows 11では、絵文字や顔文字、記号などもクリップボードからかんたんに入力することができます。
なお、初期設定ではクリップボード履歴はオフになっています。使用する場合はオンにしておくとよいでしょう。

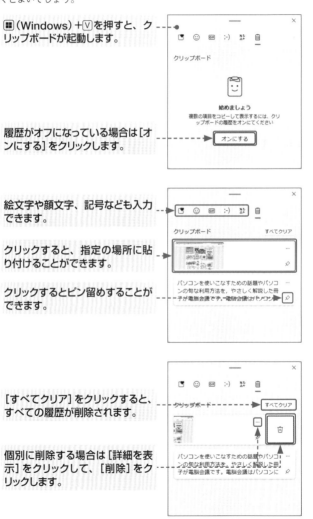

■(Windows) +Vを押すと、クリップボードが起動します。

履歴がオフになっている場合は[オンにする]をクリックします。

絵文字や顔文字、記号なども入力できます。

クリックすると、指定の場所に貼り付けることができます。

クリックするとピン留めすることができます。

[すべてクリア]をクリックすると、すべての履歴が削除されます。

個別に削除する場合は[詳細を表示]をクリックして、[削除]をクリックします。

>> 第 **7** 章 <<

Microsoftのクラウド
サービスを利用しよう

OneDriveを利用して
クラウドに保存しよう

OneDriveはマイクロソフトが提供するオンラインストレージサービスです。
Microsoftアカウントでサインインすると、エクスプローラーから、パソコン内のフォルダーと同じように利用することができます。

① エクスプローラーからOneDriveを利用する

1 タスクバーの [エクスプローラー] をクリックすると、

2 エクスプローラーが起動します。

3 [OneDrive - Personal] をクリックすると、

🔑 KeyWord

OneDrive

OneDriveは、クラウドにファイルを保存しておくサービスです。インターネットを利用できる環境であれば、パソコンやスマートフォンから、ファイルの保存 (アップロード) や取り出し (ダウンロード) が可能です。

4 [OneDrive - Personal] フォルダーが開きます。

② OneDriveにフォルダーを追加する

1 フォルダーを作成するフォルダー（ここでは[ピクチャ]）をダブルクリックして開きます。

2 [新規作成]をクリックして、

3 [フォルダー]をクリックすると、

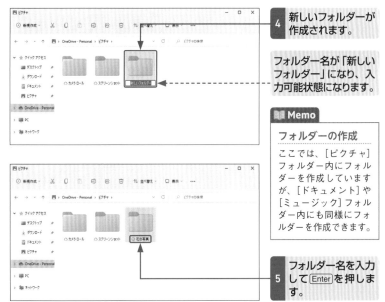

4 新しいフォルダーが作成されます。

フォルダー名が「新しいフォルダー」になり、入力可能状態になります。

📖 Memo

フォルダーの作成

ここでは、[ピクチャ]フォルダー内にフォルダーを作成していますが、[ドキュメント]や[ミュージック]フォルダー内にも同様にフォルダーを作成できます。

5 フォルダー名を入力して[Enter]を押します。

173

③ OneDriveにファイルをアップロードする

1 ファイルが保存されているフォルダーを開きます。

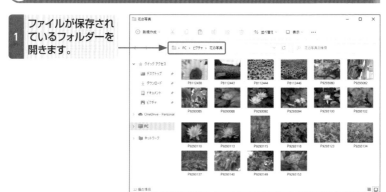

2 アップロードするファイルをドラッグして選択し、

3 [切り取り]をクリックします。

Hint

複数のファイルを選択する

複数のファイルを選択するには、マウスでドラッグするか、Ctrlを押しながら1つずつクリックします。

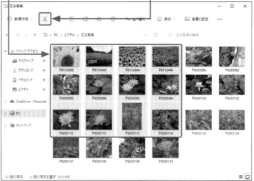

4 OneDrive内のコピー先フォルダーを開いて、

5 [貼り付け]をクリックすると、

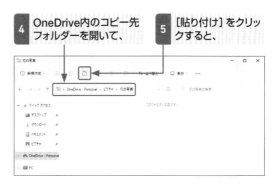

6 OneDriveにファイルがアップロードされます。

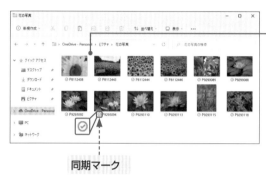

同期マーク

7 OneDriveにアップロードされると同時に、同期されます。

📖 Memo

ファイルの同期

エクスプローラーからアクセスするOneDrive内のファイルと、クラウド上のOneDrive内のファイルは同期しており、常に同じ内容になります。OneDriveを利用すると、会社や自宅のパソコンなど、どこからでも同じファイルを利用することができます。

🎯 StepUp

フォルダーの同期設定を変更する

Windows 11では、デスクトップ、ドキュメント、写真の各フォルダーが初期設定でOneDriveと自動的に同期するようになっています。同期を停止したいときは、通知領域の[OneDrive]アイコンを右クリックして[設定]をクリックします。続いて、[Microsoft OneDrive]ダイアログボックスの[バックアップ]タブの[バックアップを管理]をクリックして、自動的にバックアップしたくないフォルダー右上の◉をクリックしてオフにします。

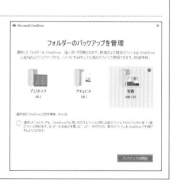

Webブラウザーから
OneDriveを利用しよう

OneDriveは、Webブラウザーからアクセスして利用することもできます。同じ
Microsoftアカウントでサインインすると、別のパソコンやスマートフォンなどか
らもOneDriveを使うことができます。

① 別のパソコンでOneDriveのWebページを表示する

1 Microsoft Edgeを起動して、「https://onedrive.live.com」にアクセスします。

2 [サインイン] をクリックして、Microsoftアカウントとパスワードを入力します。

3 [画像] をクリックすると、

4 173ページで作成したフォルダー (ここでは「花の写真」) が確認できます。クリックすると、

5 エクスプローラーからOneDriveに保存した画像ファイルが表示されます (177ページ参照)。

第
7
章

Microsoftのクラウドサービスを利用しよう

② ファイルをダウンロードする

1 ダウンロードしたいファイルのここをクリックして選択します。

2 [ダウンロード] をクリックすると、

☀ Hint

ファイルのダウンロード

フォルダーも同様の方法でダウンロードできます。複数のファイルやフォルダーをダウンロードした場合は、圧縮した状態でダウンロードされます。
Microsoft Edgeの初期設定では、ファイルの保存先が [ダウンロード] フォルダーに設定されています。

3 ファイルがダウンロードされます。

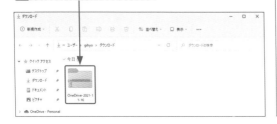

4 ダウンロードしたファイルにマウスポインターを合わせて、

5 [フォルダーに表示] をクリックすると、

6 ダウンロードしたファイルを確認できます。

✈ StepUp

フォルダーの作成やファイルのアップロード

OneDrive内でのフォルダーの作成やファイルのアップロードは、画面上部にある [新規] や [アップロード] を利用して行うことができます。

第7章 Microsoftのクラウドサービスを利用しよう

177

OneDriveのOfficeファイルを Webブラウザーで編集しよう

OneDriveに保存したOfficeアプリのファイルは、Office for the webで編集することができます。デスクトップ版のOfficeと比較すると機能に制限がありますが、インターネットに接続できる環境であれば、どこからでも編集が可能です。

① OfficeファイルをWebブラウザーで編集する

1 OneDriveのWebサイトにアクセスして（176ページ参照）、

2 編集したいOfficeファイルのあるフォルダーを開きます。

3 ファイルのここをクリックして選択します。

4 [開く]をクリックして、

5 [ブラウザーで開く]をクリックすると、

6 Office for the webでOfficeファイルが開きます。

🔎 KeyWord

Office for the web

Word、Excelなどの Officeアプリのファイルを無料で編集することができるオンラインサービスです（旧称 Office Online）。

② 新規のOfficeファイルをWebブラウザーで作成する

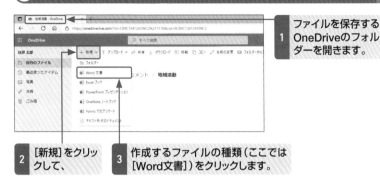

1 ファイルを保存する OneDriveのフォルダーを開きます。

2 [新規]をクリックして、

3 作成するファイルの種類（ここでは [Word文書]）をクリックします。

4 Word文書の新規作成画面が表示されるので、文章を作成します。

5 [ファイル]をクリックして、

6 [名前を付けて保存]をクリックし、

📖 Memo

ファイルの保存

Office for the webの各アプリで新規作成したファイルは、一定時間ごとにOneDriveのフォルダーに自動保存されます。このため、通常は保存する必要ありませんが、ファイル名を変更して保存する場合は[名前を付けて保存]を使用します。

7 保存方法を指定（ここでは [名前を付けて保存]）し、ファイルを保存します。

OneDriveでファイルを共有しよう

OneDriveを利用すると、ファイルのやり取りや写真の閲覧など、ほかの人とのファイルの共有が可能になります。OneDriveでファイルを共有するには、共有を設定して、相手にファイルのリンクをメールで送信します。

① 共有するファイルをメールで送信する

1 OneDriveのWebサイトにアクセスして（176ページ参照）、共有したいファイルのあるフォルダーを開きます。

2 共有したいファイルをクリックして、

3 [共有] をクリックします。

☀ Hint

ファイルを共有するそのほかの方法

手順**2**で共有するファイルをクリックして選択し、メニューバーの[共有]をクリックすると、[リンクの送信]ウィンドウが表示されます。共有したい相手のメールアドレス、メッセージを入力して、[送信]をクリックすると、共有情報が書かれたメールが送信されます。

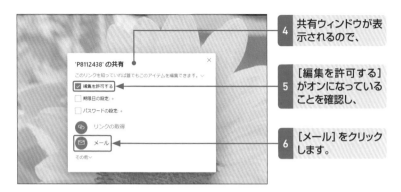

4 共有ウィンドウが表示されるので、

5 [編集を許可する]がオンになっていることを確認し、

6 [メール]をクリックします。

7 メールアドレスとメッセージを入力して、

8 [共有]をクリックすると、共有情報が書かれたメールが送信されます。

第7章

Microsoftのクラウドサービスを利用しよう

📝 Memo

送信先の指定

「People」アプリに登録されているメールアドレスの場合は、メールアドレスの一部を入力するだけで送信先を指定できます。

共有設定をしたファイルには、共有マークが付きます。

📝 Memo

共有の種類

手順5では、[編集を許可する]がオンになっていますが、編集されたくない場合はオフにして送信します。なお、[期限日の設定]と[パスワードの設定]はOneDriveのプレミアム（有償）の契約をしていなければ利用できません。

スマートフォンで
OneDriveを使ってみよう

スマートフォンでOneDriveを利用するには、「OneDrive」アプリをインストールします。スマートフォンのWebブラウザーからOneDriveにアクセスすることもできますが、専用のアプリを使うほうが便利です。

① 「OneDrive」アプリをインストールする

1 「Playストア」アプリで「Micro soft OneDrive」を検索して、

2 検索結果から [Microsoft OneDrive] をタップします。

3 アプリの内容を確認して、[インストール] をタップすると、

4 「OneDrive」アプリがインストールされます。

📖 Memo

スマートフォンによって異なる

使用しているスマートフォンの機種やOSのバージョンによって、画面や操作が異なります。

📖 Memo

iPhoneの場合

iPhoneで「OneDrive」アプリをインストールする場合は、「App Store」アプリで検索してインストールします。

② OneDriveにサインインする

1 初めてOneDriveを起動すると、「OneDrive へようこそ」画面が表示されます。

2 [サインイン] を タップして、

3 Microsoftアカウ ントを入力し、

4 ここをタップしま す。

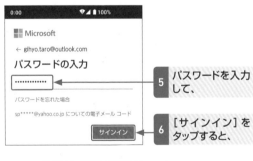

5 パスワードを入力 して、

6 [サインイン] を タップすると、

7 OneDriveにサ インします。

画面下部で [ファイ ル] をタップして、 フォルダー一覧を表 示しています。

スマートフォンの写真を OneDriveにアップロードしよう

スマートフォンで撮影した写真や動画をOneDriveに自動的にアップロードするように設定しておくと、パソコンからOneDriveにアクセスして写真や動画を見たり、保存したりすることができます。

① 写真のアップロードを有効にする

Memo

アクセスの許可

スマートフォンに保存されているデータをOneDriveにアップロードするには、端末内のファイルへのアクセスをOneDriveに許可する必要があります。

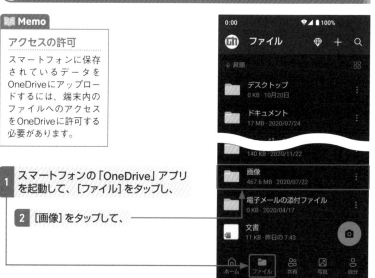

1 スマートフォンの「OneDrive」アプリを起動して、[ファイル]をタップし、

2 [画像]をタップして、

3 いずれかのフォルダーをタップします。

4 [オンにする]をタップして、

カメラのアップロード機能が無効になっている場合は、メッセージが表示されます。

📖 **Memo**

iPhoneの場合の許可手順

下部メニューの[写真]をタップして、カメラアップロードで[有効にする]をタップし、アカウント名の右のスイッチをオンにします。「OneDriveが写真へのアクセスを求めています」と表示されるので、[OK]をクリックします。

5 [許可]をタップすると、

6 [カメラアップロード]画面が表示されます。

7 [カメラアップロード]をオンにすると、写真やビデオが自動的にアップロードされます。

8 [使用するアップロード]をタップすると、

📖 Memo

使用する通信環境

最近のスマートフォンのカメラは高性能になり、写真のファイルサイズも大きくなっています。このため、モバイルネットワーク接続時にアップロードを行うと通信量が増加し、通信容量不足になります。[Wi-Fiとモバイルネットワーク]を利用する場合は、通信量が多いプランや上限がないプランで使用します。

9 アップロードに使用する通信環境を選択できます。

☀ Hint

アップロードを無効にする

自動アップロードを無効にするには、OneDriveを起動して[自分]をタップし、[設定]をタップします。続いて、[設定]画面で[カメラアップロード]をタップしてオフにします。

Windows 11で役立つ
技を知っておこう

検索機能を使って
情報を検索しよう

Windows 11の検索機能は、パソコン内やインターネット上にある情報を検索して、表示する機能です。インストールされているアプリや保存されているファイル、Webページ、電子メールなどを対象に検索することができます。

① 検索画面を表示する

1 タスクバーの[検索]をクリックすると、

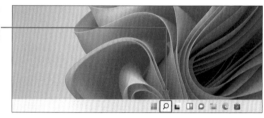

2 検索画面が表示されます。

よく使うアプリが表示され、クリックするとアプリを起動できます。

Memo

検索画面

表示される検索画面は、パソコンの環境や利用履歴によって異なります。

Memo

クイック検索

[クイック検索]には、これまでに検索したWebページや編集したファイルが表示され、クリックするとアクセスしたり表示したりすることができます。

② キーワードを入力して情報を検索する

1 検索ボックスにキーワードを入力すると、

予測結果が表示されます（ここから選ぶこともできます）。

2 キーワードに関する検索結果が表示されます。

3 スクロールバーをドラッグして、

4 見たい情報をクリックすると、

☀ Hint

Webブラウザーで結果を開く

手順**2**の画面で［ブラウザーで結果を開く］をクリックするとWebブラウザーが起動し、検索結果画面が表示されます。

5 Webブラウザーが起動して、ページが表示されます。

③ カテゴリを利用して情報を検索する

1 タスクバーの[検索]をクリックして、

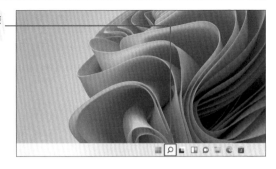

2 検索画面を表示します。

3 カテゴリ(ここでは[ドキュメント])をクリックして、

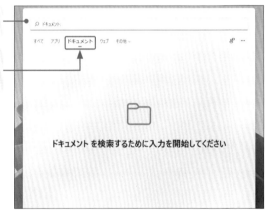

ドキュメント を検索するために入力を開始してください

📖 Memo

検索画面のカテゴリ

[すべて]で検索すると、パソコンに保存されているすべてのファイルや設定項目、インターネット上の情報が検索対象になり、時間がかかることがあります。検索する目的に合わせてカテゴリを選ぶことで、すばやい検索が可能になります。

- ・[アプリ]:用途を入力すると、目的に合ったアプリが検索されます。
- ・[ドキュメント]:パソコン内のドキュメントファイルを対象に検索されます。
- ・[ウェブ]:インターネット上にある情報を検索できます。
- ・[その他]:[フォルダー][音楽][写真][人][設定][電子メール][動画]のカテゴリを指定できます。

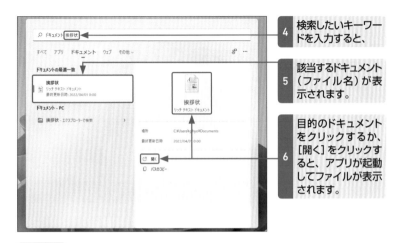

4 検索したいキーワードを入力すると、

5 該当するドキュメント（ファイル名）が表示されます。

6 目的のドキュメントをクリックするか、[開く]をクリックすると、アプリが起動してファイルが表示されます。

📖 **Memo**

検索の履歴

次回以降に検索を行う場合、検索画面を表示すると検索履歴が表示されます。同じファイルを検索するときは、履歴から選ぶことができます。

💡 **Hint**

エクスプローラーで検索する

エクスプローラーを使用してファイルやフォルダーを検索することもできます。エクスプローラーで検索したいファイルが保存されているドライブやフォルダーを開いて、検索ボックスにキーワードを入力します。どこに保存したか不明な場合は、[PC]を指定して検索します。

1 エクスプローラーの検索ボックスをクリックして、

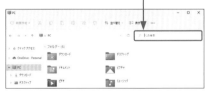

2 キーワードを入力すると、

3 検索結果が表示されます。

「設定」アプリを利用して カスタマイズしよう

「設定」アプリには、Windowsの設定を行うための機能が集約されており、画面の表示方法やWindowsの操作方法などを詳細に設定することができます。Windows 11では、画面の構造が使いやすいように改善されました。

1 「設定」アプリを起動する

1 タスクバーの [スタート] をクリックして、

2 [設定] をクリックすると、

3 「設定」アプリが起動します。

左側に設定項目が表示されます。

右側に選択した設定項目の機能一覧が表示されます。

② 「設定」アプリの機能

項目	機能
システム	ディスプレイの設定やサウンド（音声）の設定、アプリなどからの通知設定や電源モードの管理など、Windows 11 の基本的な機能の設定を行います。
Bluetooth とデバイス	キーボード、マウス、プリンターなどの設定や、Bluetooth を使って接続する周辺機器の設定などを行います。また、USB メモリーなどを接続したときの動作設定を行います。
ネットワークとインターネット	Wi-Fi やイーサネット、モバイルスポットなどのネットワークの接続と管理、ネットワーク全般やセキュリティ、プライバシーなどに関する設定を行います。
個人用設定	デスクトップの背景や Windows 全体の配色、タッチキーボード、[スタート] メニューやタスクバーの設定などを行います。また、使用しているデバイスの使用状況の確認や、オン／オフの設定を行います。
アプリ	インストールされているアプリの確認と設定、アンインストールなどを行います。また、ファイルを開くための既定のアプリや Windows の起動時に自動的に開始させるアプリの設定を行います。
アカウント	Windows のサインインや、メールやカレンダーで使用するアカウントの管理、同じパソコンを使用している家族やほかのユーザーのアカウントの管理や追加／削除などを行います。また、ファイルやアプリなどのバックアップ設定を行います。
時刻と言語	タイムゾーンの設定、日付や時刻の設定、パソコンを使用している地域の変更、表示や入力、音声認識に使用する言語の設定などを行います。
ゲーム	ゲームバー、ゲーム DVR、ゲームモードなど、ゲーム関連の各種設定を行います。
アクセシビリティ	Windows 全体の文字サイズやマウスポインター、テキストカーソルの表示などの視覚効果や、オーディオや字幕表示などの聴覚効果を設定したり、キーボードやマウス、音声認識などの操作を設定したりします。
プライバシーとセキュリティ	ウイルス対策やファイアウォール、Web ブラウザーやネットワーク保護などのセキュリティ対策を設定します。また、位置情報や連絡先、カレンダーなどのアクセス許可を設定します。
Windows Update	Windows Update や個人ファイルのバックアップ、パソコンのリフレッシュ、Windows の再インストールなどを行います。

③ 「設定」アプリの構造を確認する

1 「設定」アプリを起動すると、[システム] の設定項目が表示されます。

2 設定したい機能 (ここでは [サウンド]) をクリックすると、

3 サウンドの設定画面が表示されます。

4 ここをクリックすると、

📖 Memo

機能の展開

「設定」アプリを起動すると、左側に設定項目が一覧表示されます。設定したい項目をクリックすると、右側にその項目で設定できる機能が表示されます。機能の右端に > が表示されているときは、クリックすると、さらに詳細な機能などが表示されます。

5 その項目で設定できる機能が表示されます。

ここを再度クリックすると、機能が折りたたまれます。

第8章　Windows 11で役立つ技を知っておこう

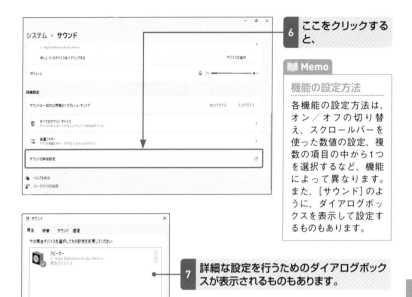

■■ Memo

機能の設定方法

各機能の設定方法は、オン／オフの切り替え、スクロールバーを使った数値の設定、複数の項目の中から1つを選択するなど、機能によって異なります。また、[サウンド]のように、ダイアログボックスを表示して設定するものもあります。

7 詳細な設定を行うためのダイアログボックスが表示されるものもあります。

☀ Hint

機能が見つけにくい場合は

設定したい機能が見つけにくい場合は、[設定の検索]ボックスに行いたい設定や探したい機能などをキーワードで入力して検索することができます。

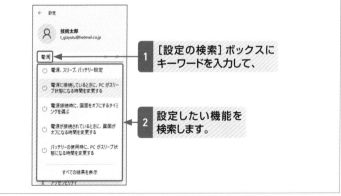

1 [設定の検索]ボックスにキーワードを入力して、

2 設定したい機能を検索します。

通知に邪魔されない 集中モードを利用しよう

集中モードとは、通知表示を制限することです。メールの受信やWindowsシステムからの通知が届くたびに気を取られて集中できない、という場合に利用します。設定は「設定」アプリやクイック設定で行います。

① 集中モードをオンにする

1 スタートメニューの [設定] をクリックして、「設定」アプリを起動します。

2 [システム]の[集中モード]をクリックして、

3 [重要な通知のみ] または [アラームのみ] をクリックしてオンにします。

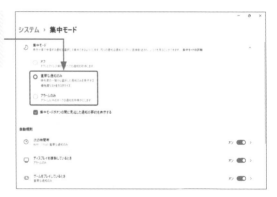

Hint

見逃した通知を確認するには？

[集中モード]画面で、[集中モードがオンの間に見逃した通知の要約を表示する]をオンにしておくと、集中モードがオフになったときに要約が通知として届きます。

② 集中モードの自動規則を設定する

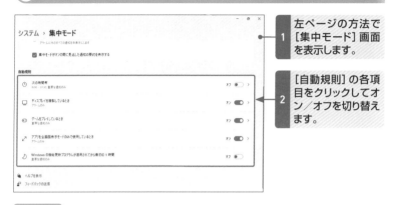

システム > **集中モード**

☐ アラーム以外のすべての通知をオフにします

☑ 集中モードがオンの間に見逃した通知の要約を表示する

自動規則

⏱	次の時間帯 0:00 - 17:00 重要な通知のみ	オフ ⬤ ⟩
🖵	ディスプレイを複製しているとき アラームのみ	オン ⬤ ⟩
🎮	ゲームをプレイしているとき 重要な通知のみ	オン ⬤ ⟩
↗	アプリを全画面表示モードのみで使用しているとき アラームのみ	オン ⬤ ⟩
♪	Windows の機能更新プログラムが適用されてから最初の 1 時間 重要な通知のみ	オフ ⬤ ⟩

🔍 ヘルプを表示
💬 フィードバックの送信

1 左ページの方法で[集中モード]画面を表示します。

2 [自動規則]の各項目をクリックしてオン／オフを切り替えます。

📘 Memo

[自動規則]の各項目を設定する

集中モードの時間帯など、各項目の設定を変更する場合は、それぞれの項目をクリックして機能を展開し、設定を行います。

🔆 Hint

クイック設定で集中モードを切り替える

集中モードの切り替えは、クイック設定でも行えます。通知領域のいずれかのアイコンをクリックしてクイック設定を表示し、[集中モード]をクリックすると、[集中モードオフ]→[重要な通知のみ]→[アラームのみ]の順番でモードを切り替えることができます。

1 通知領域のいずれかのアイコンをクリックして、

2 [集中モード]をクリックして切り替えます。

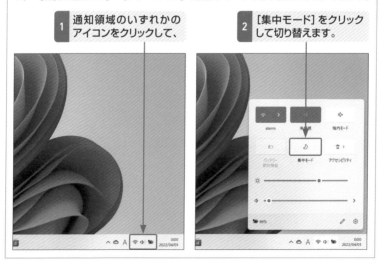

197

アカウントの画像を
好きな写真に変更しよう

アカウントの画像は、サインイン画面やスタートメニュー、Microsoft Edgeのユーザーアイコンなど、さまざまな場所で表示されます。初期状態では人物シルエットになっていますが、ほかの画像に変更することができます。

① 自分のアカウント画像を変更する

1 スタートメニューの [設定] をクリックして、「設定」アプリを起動します。

2 [アカウント] をクリックして、

3 [ユーザーの情報] をクリックし、

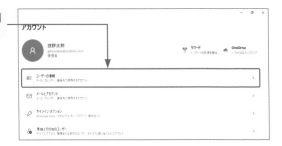

4 [ファイルの選択]の [ファイルの参照] をクリックします。

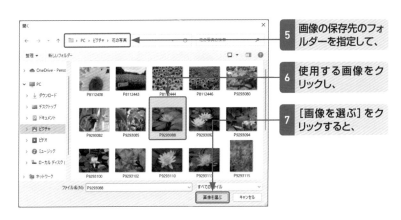

5 画像の保存先のフォルダーを指定して、

6 使用する画像をクリックし、

7 [画像を選ぶ]をクリックすると、

8 アカウントの画像が変更されます。

📖 **Memo**

アカウントの画像

Windows 11の起動時に表示されるサインイン画面やロック画面にもアカウントの画像が表示されます。ほかの家族もパソコンを使っている場合など、すぐに見分けがつくので変更しておくと便利です。

9 スタートメニューのアカウント画像も変更されていることが確認できます。

家族の利用にアカウントを追加しよう

1台のパソコンを家族などで共有する場合は、それぞれ専用のアカウントを使用するのが一般的です。Windowsにパソコンを使用する人のアカウントを追加することで、それぞれが独立した環境でパソコンを利用できます。

1 Microsoftアカウントを追加する

1	スタートメニューの[設定]をクリックして、「設定」アプリを起動します。

2	[アカウント]をクリックして、

3	[家族とその他のユーザー]をクリックします。

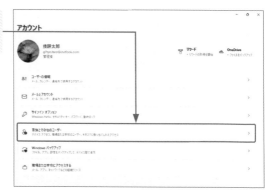

4 [家族のメンバーを追加]の[アカウントの追加]をクリックして、

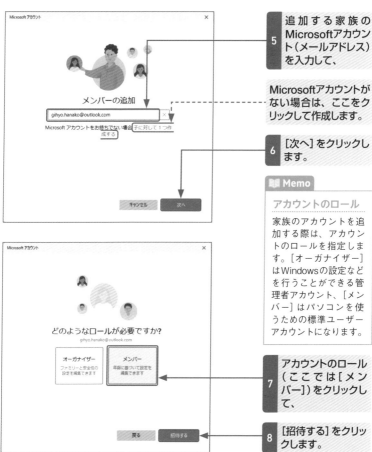

5 追加する家族のMicrosoftアカウント（メールアドレス）を入力して、

Microsoftアカウントがない場合は、ここをクリックして作成します。

6 [次へ]をクリックします。

📖 Memo

アカウントのロール

家族のアカウントを追加する際は、アカウントのロールを指定します。[オーガナイザー]はWindowsの設定などを行うことができる管理者アカウント、[メンバー]はパソコンを使うための標準ユーザーアカウントになります。

7 アカウントのロール（ここでは[メンバー]）をクリックして、

8 [招待する]をクリックします。

9 Microsoftアカウントが追加されます。

アカウント > 家族とその他のユーザー

家族
ファミリーメンバーがこの PC にサインインできるようにします。作成者は、安全設定でメンバーがもっと安全にオンラインを使用できるように設定できます。ファミリー セーフティに関する詳細情報

家族のメンバーを追加　　　　　　　　　　　　　　　　　　　　　　　　　アカウントの追加

g.hyo.hanako@outlook.com　　　　　　　　　　　　　　　　　　サインインできます ∨
メンバー・保証中

オンラインで家族の設定を管理するか、アカウントを削除する

他のユーザー

その他のユーザーを追加する　　　　　　　　　　　　　　　　　　　　　　アカウントの追加

10 [スタート] メニューのユーザーアイコンをクリックすると、

11 アカウントが登録されていることが確認できます。

Memo

アカウントを追加したらサインインする

新しくアカウントを追加した場合は、そのアカウントでサインインします。サインインすると、アカウントを追加した「設定」アプリにユーザー名やアカウント画像が表示されるようになります。

第 8 章　Windows 11で役立つ技を知っておこう

202

スタートメニューを
使いやすいように変更しよう

スタートメニューには、ピン留めされたアプリのアイコンが表示されています。ピン留めしたアプリは、ドラッグして自由に配置を入れ替えることができます。使いやすいように並べ替えるとよいでしょう。

① スタートメニューのアイコンの配置を変える

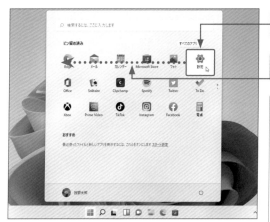

1 移動したいアイコンをクリックして、

2 目的の位置までドラッグします。

📖 Memo

アプリのアイコンをピン留めする

スタートメニューの[ピン留め済み]には、よく使うアプリのアイコンをピン留めすることができます（57ページのStepUp参照）。

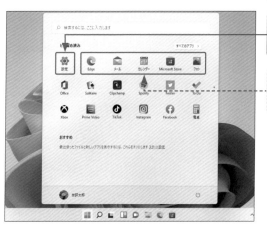

3 マウスのボタンを離すと、アイコンが移動します。

もとの位置にあったアイコンは、自動的に並べ替えられます。

② 別のページにアイコンを移動する

1 別のページに移動させたいアイコンをクリックして、

2 下方向にこの領域までドラッグします。

3 次のページが表示されるので、目的の位置までドラッグして、

4 マウスのボタンを離すと、アイコンが移動します。

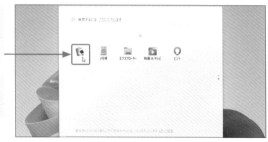

📕 Memo

次のページを表示する

スタートメニューの[ピン留め済み]には、最大18個までのアイコンが配置され、それを超えたものは、次のページに表示されます。ページを切り替えるには、[次のページ]や[前のページ]をクリックするか、マウスのホイールを上下に回転します。

③ よく使うフォルダーをスタートメニューに表示する

1 スタートメニューを表示して、

2 [設定] をクリックします。

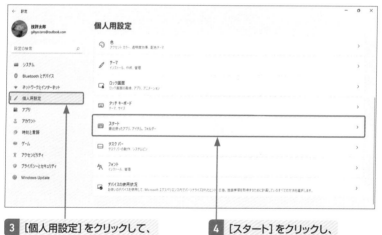

3 [個人用設定] をクリックして、

4 [スタート] をクリックし、

📘 Memo

フォルダーを表示する

「ドキュメント」「ミュージック」「ピクチャ」などのフォルダーは、[エクスプローラー] から開きますが、よく使用するフォルダーをスタートメニューに表示しておくと便利です。フォルダーアイコンは、スタートメニューのユーザー名と電源アイコンの間に表示されます。

5 [フォルダー]をクリックします。

6 スタートメニューに表示するフォルダーをクリックしてオンにすると、

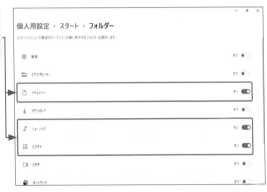

7 スタートメニューの下部に、フォルダーが表示されます。

📖 **Memo**

フォルダーのアイコンを非表示にする

スタートメニューに表示したフォルダーのアイコンを非表示にするには、アイコンを右クリックして[この一覧のパーソナル設定を行う]をクリックします。手順**6**のフォルダーの表示／非表示の設定画面が表示されるので、非表示にしたいフォルダーをクリックしてオフにします。

④ スタートメニューを画面の左側に表示する

1 スタートメニューの [設定] をクリックして、「設定」アプリを起動します。

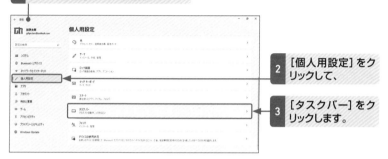

2 [個人用設定] をクリックして、

3 [タスクバー] をクリックします。

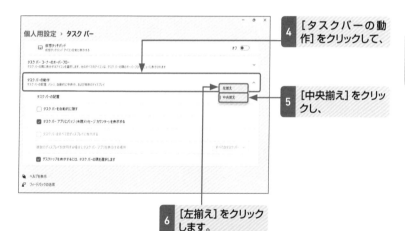

4 [タスクバーの動作] をクリックして、

5 [中央揃え] をクリックし、

6 [左揃え] をクリックします。

7 [スタート] やスタートメニューが画面の左側に表示されます。

207

クイック設定を
便利に活用しよう

通知領域のアイコンをクリックすると表示されるクイック設定では、Wi-Fiや集中モードの設定、画面の明るさやスピーカーの音量などを設定できます。表示する設定項目は、追加したり削除したりすることができます。

1 クイック設定の項目を追加する／削除する

1 通知領域のいずれかのアイコンをクリックすると、

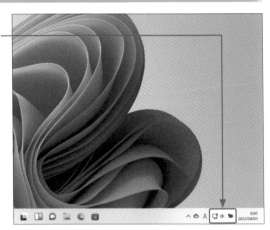

2 クイック設定が表示されます。

3 [クイック設定の編集] をクリックして、

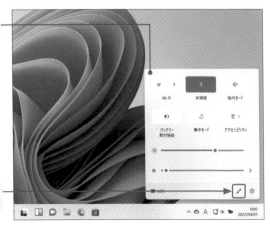

第8章 Windows 11で役立つ技を知っておこう

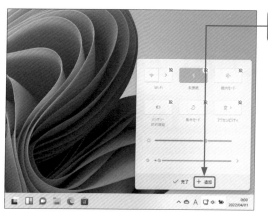

4 [追加] をクリックします。

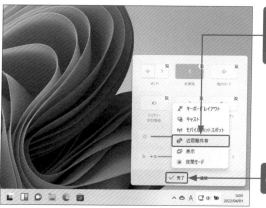

5 追加する設定項目（ここでは [近距離共有]）をクリックして、

6 [完了] をクリックすると、

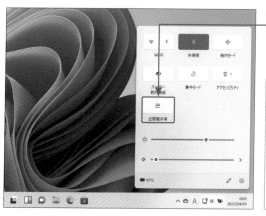

7 設定項目が追加されます。

Hint

設定項目を削除する

クイック設定から不要な設定項目を削除したい場合は、手順**4**の画面で削除する設定項目の右上に表示されているピンのアイコンをクリックします。

209

無線LANに接続しよう

パソコンを無線LAN (Wi-Fi) に接続するには、使用するアクセスポイントを指定します。アクセスポイントは、クイック設定の[Wi-Fi]をクリックして選択するほかに、「設定」アプリの[ネットワークとインターネット]から設定することもできます。

1 アクセスポイントに接続する

無線LAN機器を設定し、電源を入れておきます。

1 通知領域のいずれかのアイコンをクリックして、クイック設定を表示します。

2 Wi-Fiをクリックすると、

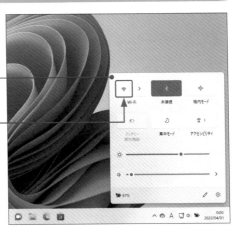

Memo

アクセスポイントが表示されない

使用するアクセスポイントが表示されない場合は、機器の電源が入っているかなどを確認します。

3 Wi-Fiが有効になります。

4 [Wi-Fi接続の管理] をクリックして、

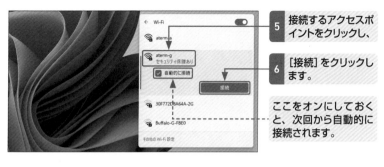

5 接続するアクセスポイントをクリックし、

6 [接続] をクリックします。

ここをオンにしておくと、次回から自動的に接続されます。

7 セキュリティキーを入力して、

8 [次へ] をクリックすると、

9 無線LANに接続されます。

第 8 章

Windows 11で役立つ技を知っておこう

📖 Memo

「設定」アプリを利用する

「設定」アプリを利用して接続することもできます。スタートメニューから [設定] をクリックし、[ネットワークとインターネット] をクリックします。[Wi-Fi] をオンにして、[利用できるネットワークを表示] をクリックすると、アクセスポイントの一覧が表示されます。

「スマホ同期」アプリで スマートフォンと連携しよう

「スマホ同期」アプリを利用すると、パソコンとAndroidスマートフォンを連携し、パソコンからスマートフォンのSMS (ショートメッセージ) の確認や返信をしたり、スマートフォンの通知の受信や管理をしたりすることができます。

① スマートフォンに「スマホ同期管理」アプリをインストールする

1 Androidスマートフォンで、「Playストア」アプリの検索ボックスに「スマホ同期管理アプリ」と入力して検索します。

2 [インストール] をタップすると、

Memo

「スマホ同期管理」アプリ

パソコンとAndroidスマートフォンの同期設定を行うためには、あらかじめスマートフォンに「スマホ同期管理」アプリをインストールしておく必要があります。[スマホ同期管理] アプリは、Android 7.0以降のスマートフォンで利用できます。

3 「スマホ同期管理」アプリがインストールされます。

4 [開く] をタップすると、アプリが起動します。

② パソコンとスマートフォンの同期設定をする

スマートフォンで「スマホ同期管理」アプリを起動しておきます。

1 スタートメニューの [設定]をクリックして、「設定」アプリを起動します。

2 [Bluetoothとデバイス]をクリックして、

3 [スマホ同期を起動する]をクリックし、

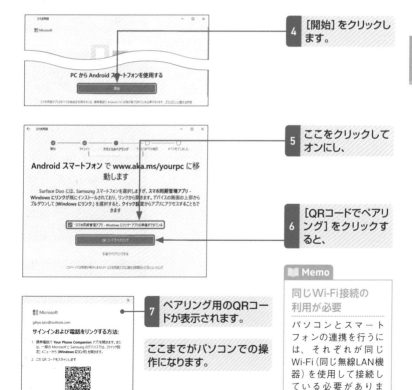

4 [開始]をクリックします。

PC から Android スマートフォンを使用する

開始

スマホ同期アプリのすべての機能を利用するには、携帯電話（Android 7.0 以降が実行されている必要があります。プライバシーに関する声明

---

5 ここをクリックしてオンにし、

Android スマートフォン で www.aka.ms/yourpc に移動します

Surface Duo には、Samsung スマートフォンを選択しますが、スマホ同期管理アプリ - Windows にリンクが既にインストールされており、リンクが開きます。デバイスの画面の上部からプルダウンして [Windows にリンク.]を選択すると、クイック設定からアプリにアクセスすることもできます

☑ "スマホ同期管理アプリ - Windows にリンク" アプリの準備ができている

QR コードでペアリング

手動でペアリングする

このページでは問題が解決しませんか? スマホ同期アプリに関する問題のトラブルシューティング

6 [QRコードでペアリング]をクリックすると、

Memo

同じWi-Fi接続の利用が必要

パソコンとスマートフォンの連携を行うには、それぞれが同じWi-Fi（同じ無線LAN機器）を使用して接続している必要があります。

Microsoft

gihyo.taro@outlook.com

サインインおよび電話をリンクする方法:

1. 携帯電話で Your Phone Companion アプリを開きます。または、一般の Microsoft と Samsung のデバイスでは、[クイック設定] メニューから [Windows にリンク] を開きます。

2. この QR コードをスキャンします

完了

7 ペアリング用のQRコードが表示されます。

ここまでがパソコンでの操作になります。

213

8 スマートフォンの [スマートフォンとPCをリンクする] をタップします。

9 「PCのQRコードの準備はできていますか?」と表示されるので、[続行] をタップします。

パソコンにQRコードが表示されない場合は [続行] をタップする代わりに、Webブラウザーを起動して「www.aka.ms/yourphoneQRC」にアクセスし、Microsoftアカウントでサインインします。

10 [アプリの使用時のみ] または [今回のみ] をタップして、

11 パソコンの画面に表示されたQRコードを読み込み、

12 [続ける] をタップします。

QRコードが表示されない場合は [別の方法で試す] をタップして、画面の指示に従ってサインインします。

13 [許可] をタップして、連絡先へのアクセス許可を設定します。

14 すべての許可を設定したら、[続ける] をタップします。

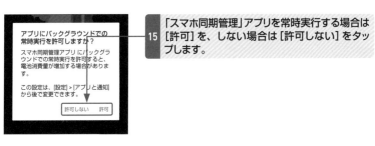

15 「スマホ同期管理」アプリを常時実行する場合は [許可] を、しない場合は [許可しない] をタップします。

16 [完了] をタップすると、

17 スマートフォンとパソコンのリンク設定が完了します。

パソコンの画面に「すべて完了しました。」と表示されるので、[そのまま進む] をクリックして、

19 ここをクリックしてオンにし、

タスクバーにピン留めしない場合は、オフにしておきます。

20 [開始] をクリックします。

③ パソコンからスマートフォンの写真を操作する

1 Windows 11の [スマホ同期] アプリを起動して、

2 [写真を表示] をクリックすると、

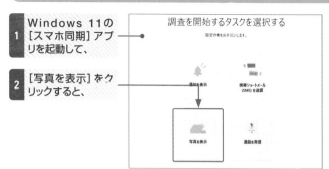

3 スマートフォンに保存されている画像が表示されます。

4 いずれかの画像をクリックすると、

5 スマートフォンの写真をパソコンに保存したり、削除したりできます。

④ パソコンから電話をかける

1 [通話] をクリックすると、

2 初回は設定画面が表示されるので、[開始する] をクリックします。

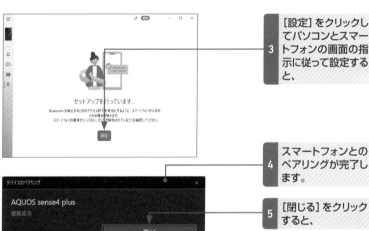

3 [設定] をクリックしてパソコンとスマートフォンの画面の指示に従って設定すると、

4 スマートフォンとのペアリングが完了します。

5 [閉じる] をクリックすると、

6 電話をかけられるようになります。

📖 Memo

スマートフォンの通知を管理する

[スマホ同期] アプリの [通知] を
クリックすると、スマートフォ
ンのメールや、各種アプリの通
知などをパソコンで管理するこ
とができます。

Windowsのセキュリティを確保しよう

パソコンを使う場合、インターネットの利用の有無に関係なく、セキュリティの確保が重要です。Windows 11では、セキュリティの確保と外部からの攻撃に対処するために、WindowsセキュリティとWindows Defenderが用意されています。

1 スキャンの方法を設定する

1 スタートメニューの[設定]をクリックして、「設定」アプリを起動します。

2 [プライバシーとセキュリティ]をクリックして、

3 [Windowsセキュリティ]をクリックします。

4 [ウイルスと脅威の防止]をクリックすると、

📖 Memo

ウイルススキャン

セキュリティ対策として、パソコン内にウイルスやマルウェア（悪意のあるアプリ）などがないかを定期的にスキャンします。

5 [Windowsセキュリティ]ウィンドウが開きます。

6 [スキャンのオプション]をクリックして、

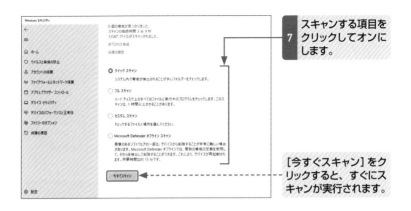

7 スキャンする項目を クリックしてオンに します。

[今すぐスキャン] をク リックすると、すぐにス キャンが実行されます。

② リアルタイム保護を設定する

1 手順5の [Windowsセキュリティ] ウィンドウを表示します。

2 [ウイルスと脅威の 防止の設定] の [設 定の管理] をクリッ クして、

x

📖 Memo

リアルタイム保護

Windows Defenderは、 Windowsに搭載されて いるセキュリティ対策 アプリで、悪意のある アプリのインストール や実行がされないよう に保護します。ただし、 市販のセキュリティソ フトなどをインストー ルする際に支障が出る 場合があります。その 場合はオフにします （しばらくすると自動 でオンになります）。

3 [リアルタイム保 護] をクリックして オンにします。

219

Windows 11を
アップデートしよう

Windowsを安心して使うには、Windowsを更新して、不具合の修正や機能の追加、セキュリティ対策などを実行し、Windowsを常に最新の状態にしておく必要があります。Windows 11では、自動的に更新されるように設定されています。

1 更新プログラムを確認する

1 スタートメニューの[設定] をクリックして、「設定」アプリを起動します。

2 [Windows Update] をクリックして、

3 [更新プログラムのチェック] をクリックすると、更新プログラムの有無がチェックされます。

4 更新プログラムがある場合は、自動的にダウンロードとインストールが実行されます。

🔑 KeyWord

Windows Update

Windows Updateは、不具合の修正やセキュリティ上の脆弱性などの解消、新しい機能の追加などを行うために更新プログラムをダウンロードし、インストールする機能です。これにより、Windowsを常に最新の状態で使うことができます。

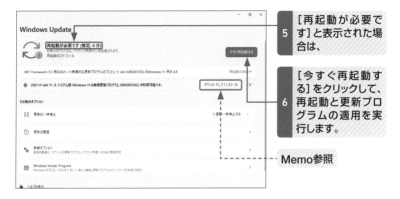

6 [今すぐ再起動する]をクリックして、再起動と更新プログラムの適用を実行します。

Memo参照

📕 Memo

更新プログラム

更新プログラムは自動的にダウンロード、インストールされますが、更新プログラムの内容によっては、手動で更新作業をする必要があります。その場合は、[ダウンロードしてインストール]をクリックします。

☀ Hint

詳細オプション

[Windows Update]で[詳細オプション]をクリックすると、Microsoft製品の更新プログラムの取得、更新プログラムや再起動の通知、再起動される時間の設定など、詳細なオプションを設定することができます。

☀ Hint

更新の一時停止をする

Windows Updateは、内容によっては更新に要する時間が長くなり、一定時間パソコンが使えなくなることがあります。支障が出てしまうような場合は、更新の一時停止を設定することができます。

第8章 Windows 11で役立つ技を知っておこう

221

Index —索引—

■ お問い合わせの例

FAX

1 お名前

技評　太郎

2 返信先の住所またはFAX番号

03-××××-××××

3 書名

今すぐ使えるかんたんmini
Windows 11 基本&便利技

4 本書の該当ページ

58ページ

5 ご使用のOSのバージョン

Windows 11

6 ご質問内容

手順3の画面が
表示されない

お問い合わせについて

本書に関するご質問については、本書に記載されている内容に関するもののみとさせていただきます。本書の内容と関係のないご質問につきましては、一切お答えできませんので、あらかじめご了承ください。また、電話でのご質問は受け付けておりませんので、必ずFAXか書面にて下記までお送りください。
なお、ご質問の際には、必ず以下の項目を明記していただきますようお願いいたします。

1 お名前
2 返信先の住所またはFAX番号
3 書名
　（今すぐ使えるかんたんmini
　Windows 11 基本&便利技）
4 本書の該当ページ
5 ご使用のOSのバージョン
6 ご質問内容

なお、お送りいただいたご質問には、できる限り迅速にお答えできるよう努力いたしておりますが、場合によってはお答えするまでに時間がかかることがあります。また、回答の期日をご指定なさっても、ご希望にお応えできるとは限りません。あらかじめご了承くださいますよう、お願いいたします。
ご質問の際に記載いただきました個人情報は、回答後速やかに破棄させていただきます。

問い合わせ先

〒 162-0846
東京都新宿区市谷左内町21-13
株式会社技術評論社　書籍編集部
「今すぐ使えるかんたんmini
Windows 11 基本&便利技」
質問係

FAX番号　03-3513-6167

URL：https://book.gihyo.jp/116

今すぐ使えるかんたんmini
Windows 11 基本&便利技

2022年3月29日　初版　第1刷発行

著者●技術評論社編集部＋AYURA
発行者●片岡　巌
発行所●株式会社　技術評論社
　　　　東京都新宿区市谷左内町21-13
　　　　電話　03-3513-6150　販売促進部
　　　　　　　03-3513-6160　書籍編集部
装丁●田邊　恵里香
本文デザイン●リンクアップ
編集／DTP●AYURA
担当●荻原　祐二
製本／印刷●図書印刷株式会社

定価はカバーに表示してあります。

ISBN978-4-297-12703-9 C3055

Printed in Japan